铁路旅客车站设计集锦 Ⅷ

主　编　郑　健

副主编　赵　奕　徐尚奎

中国铁道出版社

2012年·北京

《铁路旅客车站设计集锦 VIII》
编委会名单

主　编　郑　健

副主编　赵　奕　徐尚奎

编　委　党　立　谢晓东
　　　　　姚　涵　何文彪
　　　　　韩志伟　王　强

编　辑　张　凯　王　彦
　　　　　周　正　王国芳
　　　　　刘振娟　张　延

PREFACE | 前言

建筑是凝固的历史，铁路旅客车站更是反映社会沧桑巨变和历史进步的永久见证；建筑是历史时空的艺术，铁路旅客车站更是蜿蜒逶迤的铁路网的点睛之作；建筑是综合的技术，铁路旅客车站更是阐述科学发展观、体现以人为本的最好载体。

武汉至广州铁路客运专线是我国中长期铁路网规划中"四纵四横"高速铁路的重要组成部分，正线全长968公里，设计时速350公里。武广客运专线纵贯湖北、湖南、广东三省，全线设咸宁北站、赤壁北站、岳阳东站等11座中间客站。在武广客运专线的建设中，一大批优秀的、有着丰富经验的设计单位参与了客站的建设，带来了全新的设计思路，涌现出许多优秀作品，为我国铁路旅客车站的建设做出了重要贡献。

本书是《铁路旅客车站设计指南》的配套读物之一，主要整理收集了武广客运专线中间站的建筑概念设计方案，旨在通过介绍设计方案实例，为从事铁路车站的管理和技术人员提供一个学习和了解铁路旅客车站知识的平台。我们衷心希望有更多的优秀设计团队参与到中国铁路旅客车站的建设中，集众家之智慧，设计出更多、更精彩的建筑作品，打造出一批无愧于时代、无愧于民族、无愧于子孙，具有鲜明时代特征和文化品位的旅客车站经典之作！

本书在资料整理、出版过程中，得到了参加建筑概念设计方案征集工作的设计单位的鼎力支持，在此表示由衷的感谢。由于出版物篇幅所限，我们对设计单位的方案图纸进行了精简，如造成工作疏漏，敬请大家谅解，热忱欢迎对本书及其续集编撰提出宝贵意见。

铁道部工程设计鉴定中心
2012年12月

铁路线路分布图

铁路旅客车站
contents 设计集锦 VIII / 目 录

咸宁北站
XIANNING BEI
RAILWAY STATION
6–31

- 武汉市建筑设计院
- 上海联创建筑设计有限公司 中铁工程设计院有限公司
- 中南建筑设计院
- 中铁工程设计咨询集团有限公司
- 中广国际建筑设计研究院

岳阳东站
YUEYANG DONG
RAILWAY STATION
58–89

- 中南建筑设计院
- 武汉市建筑设计院
- 广东省建筑设计研究院
- 西南交通大学建筑勘察设计研究院
- 中建(北京)国际设计顾问有限公司
- 中铁济南勘察设计咨询院有限公司

赤壁北站
CHIBI BEI
RAILWAY STATION
32–57

- 武汉市建筑设计院
- 上海联创建筑设计有限公司 中铁工程设计院有限公司
- 中广国际建筑设计研究院
- 中南建筑设计院
- 中铁工程设计咨询集团有限公司

汨罗东站
MILUO DONG
RAILWAY STATION
90–115

- 武汉市建筑设计院
- 广东省建筑设计研究院
- 西南交通大学建筑勘察设计研究院
- 中建(北京)国际设计顾问有限公司
- 中铁济南勘察设计咨询院有限公司

铁路旅客车站

contents 设计集锦 VIII ／目录

株洲西站
ZHUZHOU XI
RAILWAY STATION
116-141
- 武汉市建筑设计院
- 西南交通大学建筑勘察设计研究院
- 中建(北京)国际设计顾问有限公司
- 中铁济南勘察设计咨询院有限公司
- 广东省建筑设计研究院

衡阳东站
HENGYANG DONG
RAILWAY STATION
168-195
- 中南建筑设计院
- 华南理工大学建筑设计研究院
- 上海联创建筑设计有限公司 中铁工程设计院有限公司
- 中国建筑科学研究院建筑设计院
- 中铁建柳州勘察设计院

衡山西站
HENGSHAN XI
RAILWAY STATION
142-167
- 中南建筑设计院
- 上海联创建筑设计有限公司 中铁工程设计院有限公司
- 中国建筑科学研究院建筑设计院
- 华南理工大学建筑设计研究院
- 中铁建柳州勘察设计院

耒阳西站
LEIYANG XI
RAILWAY STATION
196-221
- 中南建筑设计院
- 中国建筑科学研究院建筑设计院
- 华南理工大学建筑设计研究院
- 中铁建柳州勘察设计院
- 上海联创建筑设计有限公司 中铁工程设计院有限公司

铁路旅客车站

contents 设计集锦 VIII ／目 录

郴州西站
CHENZHOU XI
RAILWAY STATION
222 - 247

- 上海联创建筑设计有限公司
- 中铁工程设计院有限公司
- 中南建筑设计院
- 铁道第四勘察设计院广州设计院
- 中铁二院工程集团有限责任公司
- 西南交通大学建筑勘察设计研究院
- 中铁工程设计咨询集团有限公司

清远站
QINGYUAN
RAILWAY STATION
274 - 299

- 上海联创建筑设计有限公司
- 中铁工程设计院有限公司
- 中铁工程设计咨询集团有限公司
- 铁道第四勘察设计院广州设计院
- 中南建筑设计院
- 中铁二院工程集团有限责任公司
- 西南交通大学建筑勘察设计研究院

韶关站
SHAOGUAN
RAILWAY STATION
248 - 273

- 上海联创建筑设计有限公司
- 中铁工程设计院有限公司
- 铁道第四勘察设计院广州设计院
- 中南建筑设计院
- 中铁工程设计咨询集团有限公司
- 中铁二院工程集团有限责任公司
- 西南交通大学建筑勘察设计研究院

咸宁北站
XIANNINGBEI
RAILWAY STATION

武汉市建筑设计院

上海联创建筑设计有限公司
中铁工程设计院有限公司

中南建筑设计院

中铁工程设计咨询集团有限公司

中广国际建筑设计研究院

项目背景简介

咸宁北站位于咸安区西侧官埠桥镇，距既有咸宁站约2.5km，车站东边是京广线和107国道，张双公路在车站的北端上跨越过。该站规模为4站台面6线（含2条正线），站房建筑面积约10000m²。

咸宁北站
XIANNINGBEI
RAILWAY STATION

武汉市建筑设计院

　　造型充分结合地域文化特征，通过对当地文化古典建筑中经典造型的简化，用现代的设计手法，将两个阙的造型结合单坡屋顶强调站房主入口，塑造城门的形象。整体造型古典、庄重，既反映出咸宁悠久的历史文化积淀，又体现了咸宁清雅高洁的城市特征。立面的柱式形成重复的韵律，墙体结合百叶形成多个层次。外部造型大气恢宏，内部空间则突出咸宁作为武汉后花园的旅游休闲特征。站棚造型简洁大方，结合叠梁形式加以简化，传统的形式融入现代的造型语言，与主站房相呼应。

XIANNINGBEI
RAILWAY STATION
咸宁北站设计方案

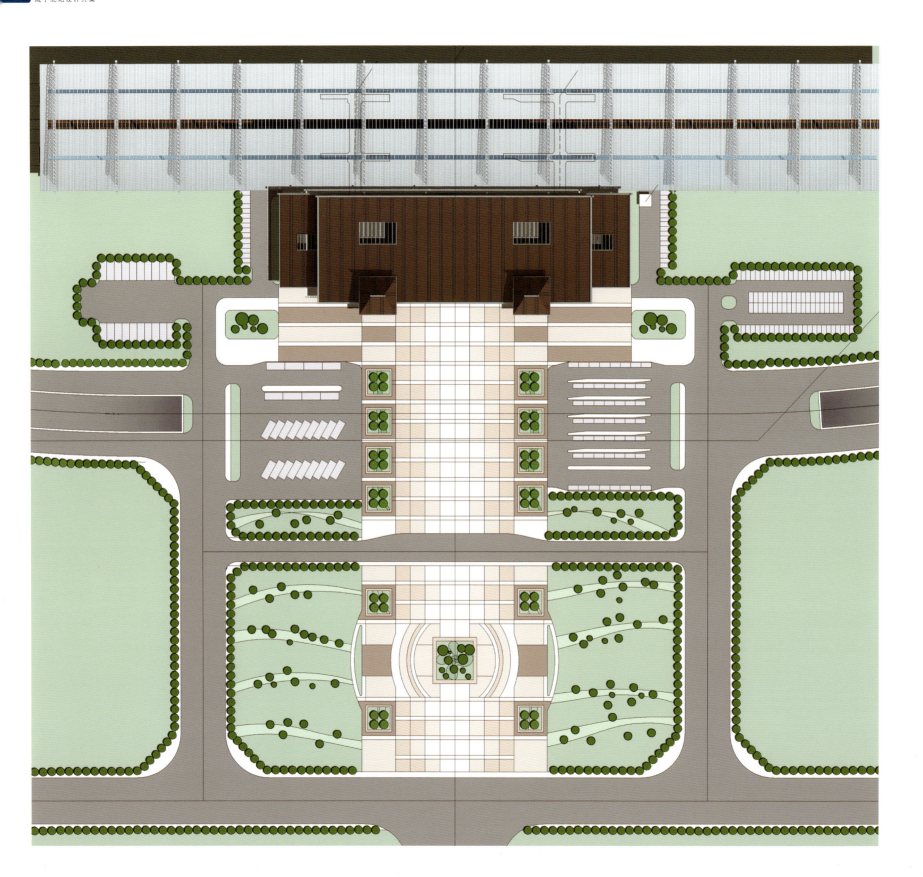

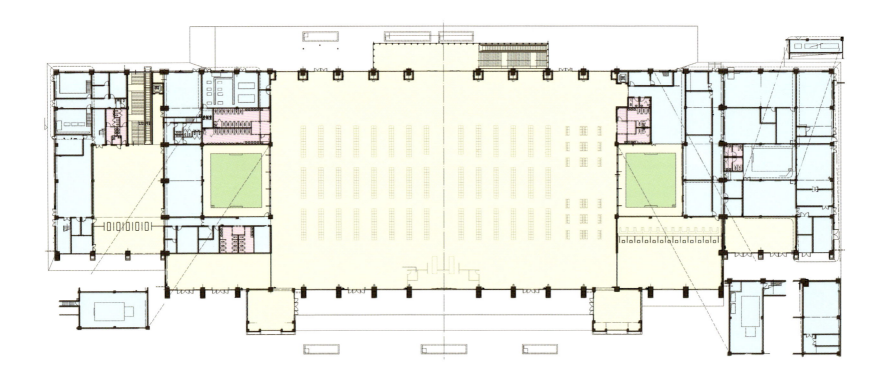
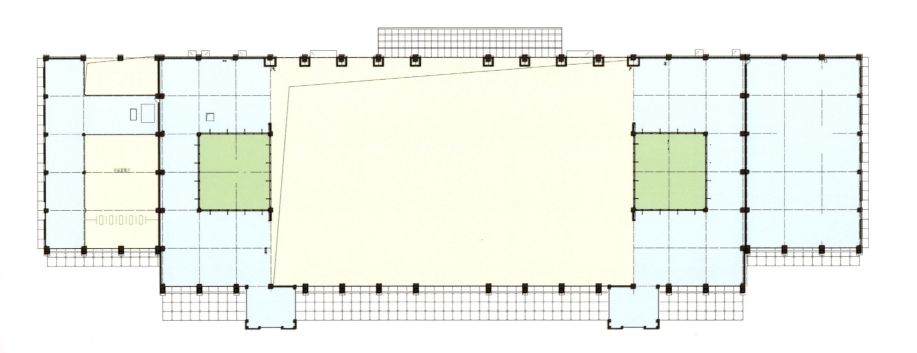

咸宁北站
XIANNINGBEI
RAILWAY STATION

上海联创建筑设计有限公司
中铁工程设计院有限公司

　　站房的整体形似一座舒展大气的桥。运用大跨钢结构技术，把站房的屋顶设计成六个不同跨度拱形的组合。根据建筑的椭圆形平面使墙面在各个方向内凹，形成"拱"形立面。同时，站台雨棚的形式也与站房相呼应，只是把结构形式稍作简化，形似宽阔、笔直的大路，从而创造出四通八达、通连左右的建筑形象。

咸宁北站
XIANNINGBEI
RAILWAY STATION

中南建筑设计院

  浑然一体的外形很完整，中部竹编图案向外倾斜，使入口浑然天成。竹编的图案强调"竹韵"的意境，顶部的挑檐使建筑完整，也很有层次。两端的圆弧处理使建筑有很强的现代感，也使体形巨大的建筑产生变化。两端的虚实处理，使建筑的变化统一在大挑檐下。站台雨棚和屋顶的分格也采用竹编的图案，使整幢建筑浑然一体。

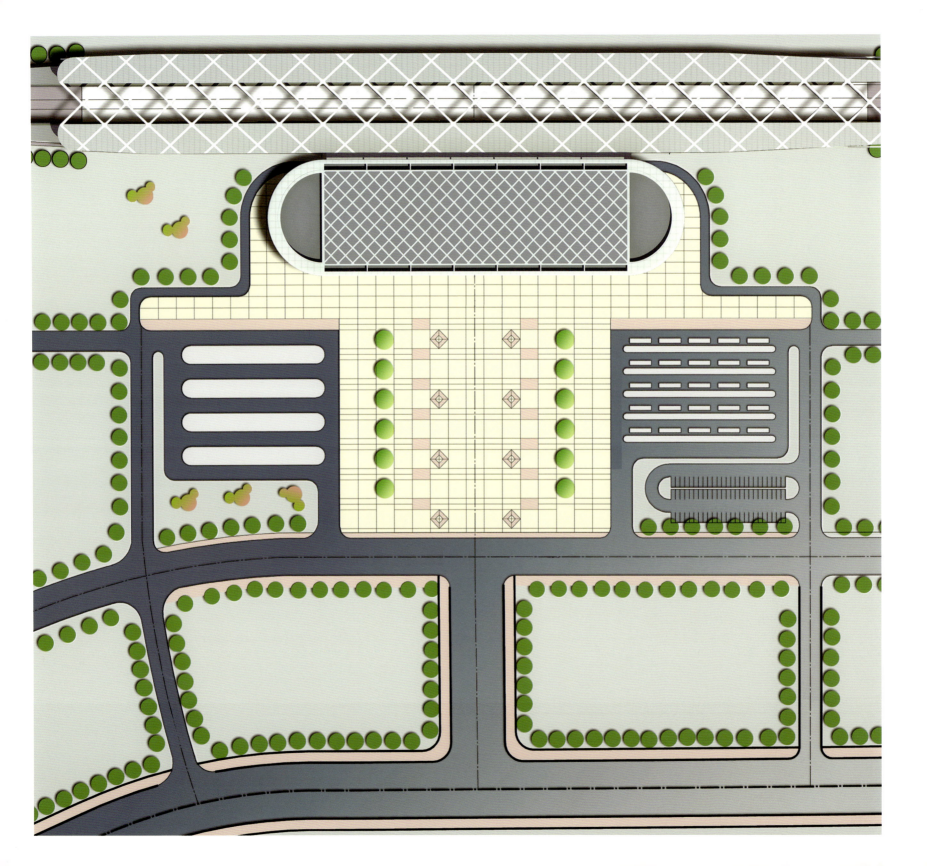

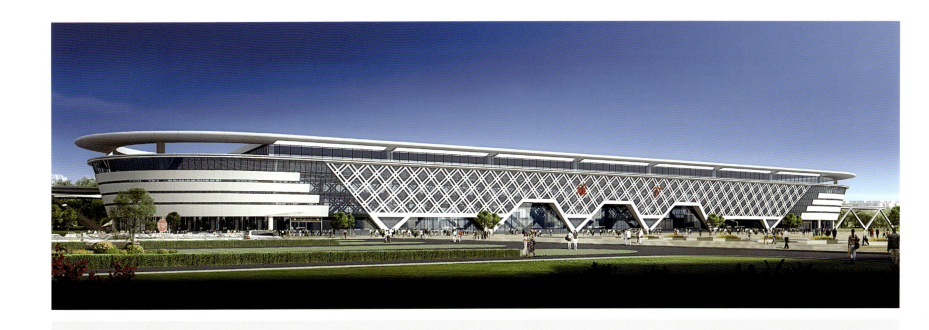

XIANNINGBEI
RAILWAY STATION

咸宁北站
XIANNINGBEI
RAILWAY STATION

中铁工程设计咨询集团有限公司

　　站房仿佛是一艘缓缓驶来的历史之舟，平缓而有力，庄重而大气，经过千年的洗礼，仿佛在诉说一段许久以前的历史。方案体现出设计者对咸宁地区幽远深厚的历史文化的追溯与弘扬。由空中俯视，恰似一片刻画入微的竹叶，一叶扁舟漂浮在咸宁这片土地上。

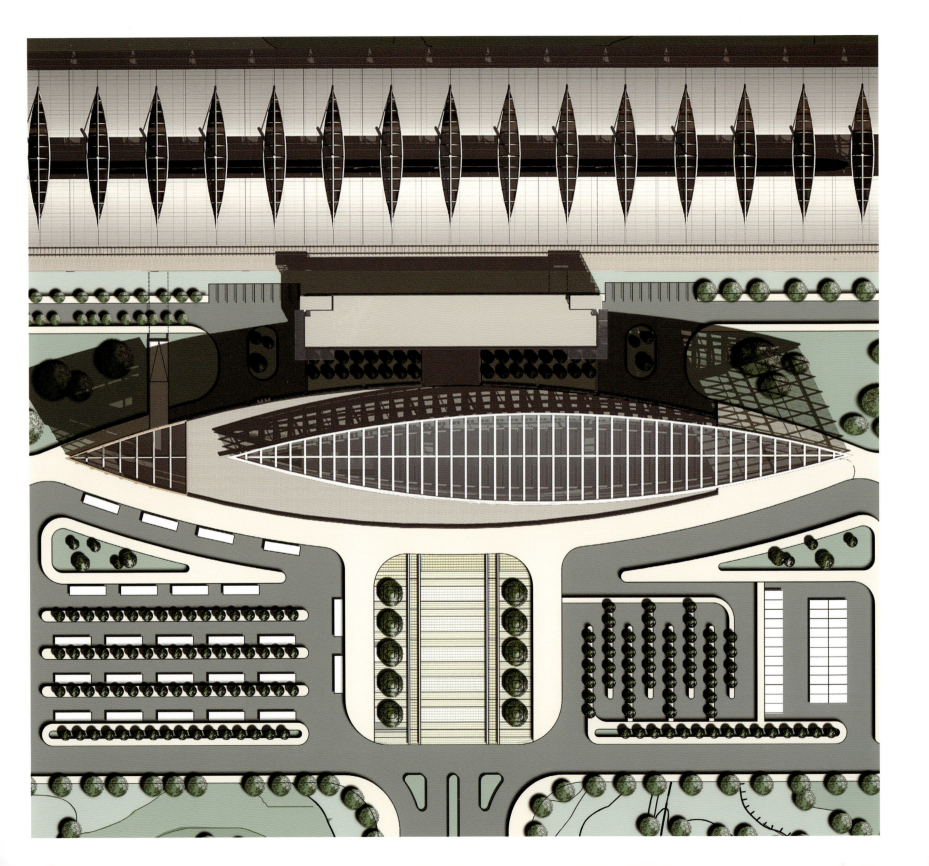

XIANNINGBEI RAILWAY STATION
咸宁北站设计方案

咸宁北站
XIANNINGBEI
RAILWAY STATION

中广国际建筑设计研究院

　　方案以咸宁市闻名的桂花作为创意出发点，设计吸取了桂花外部优美形态并加以升华，运用现代设计手法、技术手段和材料，展示拥有桂花之都美誉的新咸宁站风采。四片飘逸桂花瓣型屋面同中央穹顶有机结合，充分展示了桂花盛开时由内向外拥抱大自然、欣欣向荣的景象。

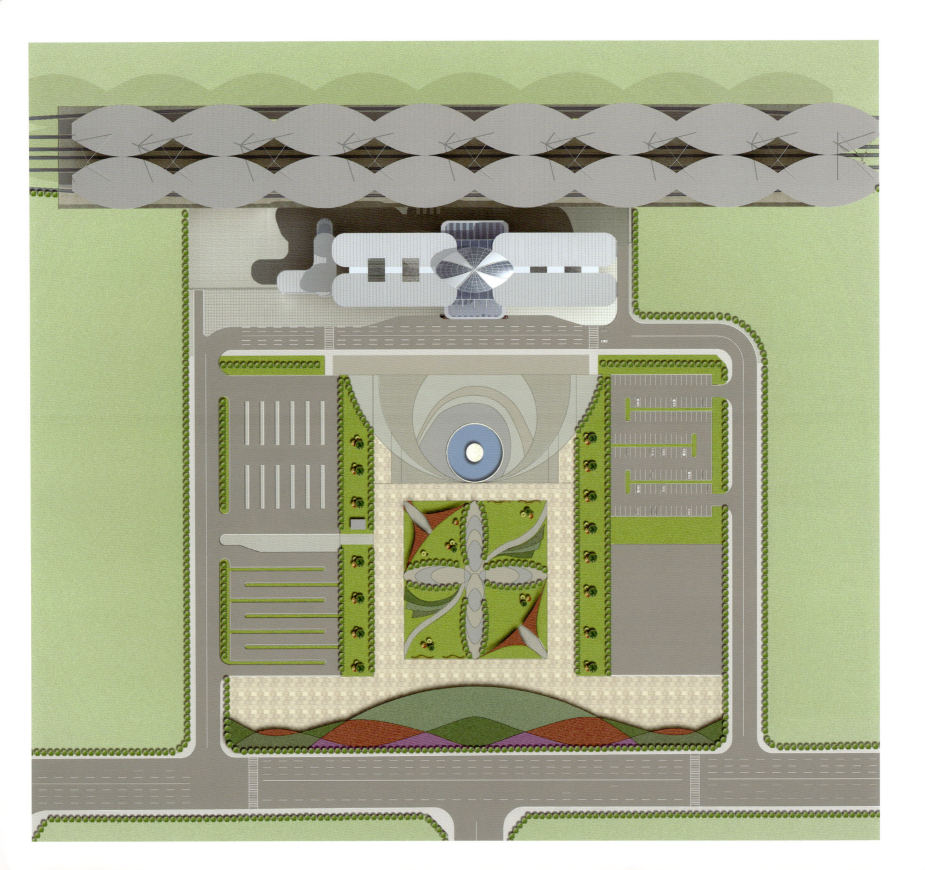

XIANNINGBEI
RAILWAY STATION

赤壁北站
CHIBIBEI
RAILWAY STATION

武汉市建筑设计院

上海联创建筑设计有限公司
中铁工程设计院有限公司

中广国际建筑设计研究院

中南建筑设计院

中铁工程设计咨询集团有限公司

项目背景简介

赤壁北站位于城市的西侧，与高速公路服务区毗邻，蒲洪公路在车站中心附近上跨通过。站房现状地形较为平整，有规划路与车站相连。该站规模为2站台面4线（含2条正线），站房建筑面积约2000m²。

赤壁北站
CHIBIBEI
RAILWAY STATION

武汉市建筑设计院

　　站房造型彰显赤壁悠久的历史文化形象，整体似踏浪而行的连环战船，圆形和方形的体量组合，和谐中又富于对比。建筑屋顶用现代造型手法表现中国古建"重檐斗拱"的结构形式，屋顶中段结合平面功能拔高出挑，使建筑物更具厚重感和力度感，体现车站建筑主入口突出的特色，并强调了建筑的对称性。立面上吸取三国时期建筑元素，采用现代材料重现"细方格木柞窗"的风韵，并大胆运用褚红和黄灰的色彩深浅组合，重复排列形成建筑外墙，使整体形象既充满标志性的时代气息，又具有鲜明的地域特色和文化传承，体现了对美好明天的信心及希望。

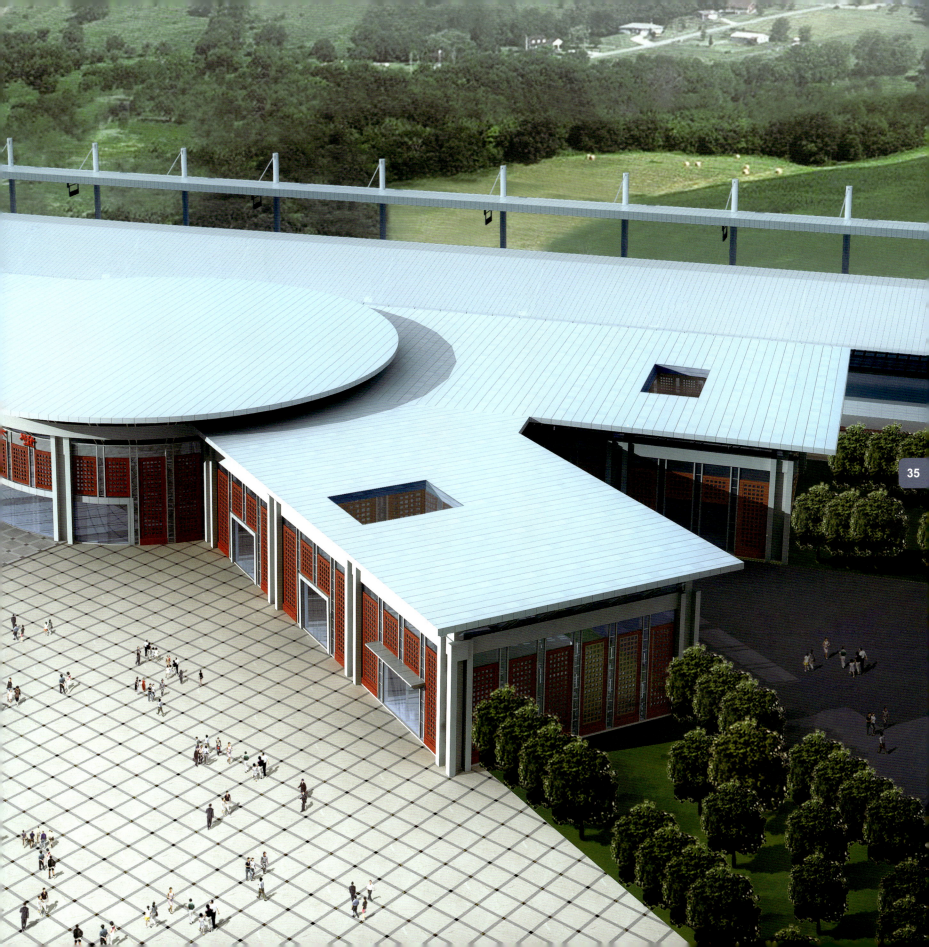

CHIBIBEI RAILWAY STATION
赤壁北站设计方案

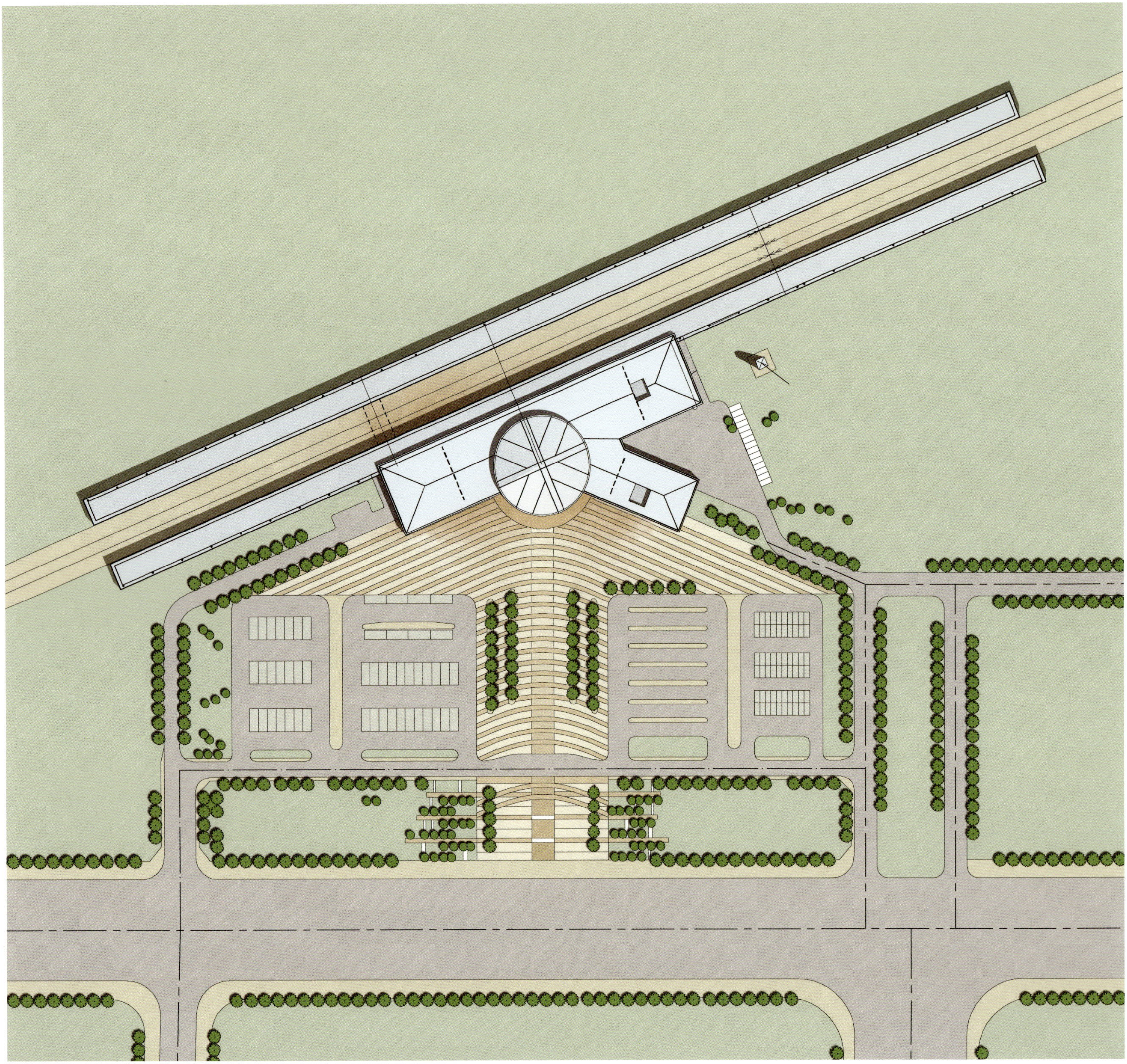

CHIBIBEI
RAILWAY STATION
赤壁北站设计方案

CHIBIBEI RAILWAY STATION

CHIBIBEI
RAILWAY STATION
赤壁北站设计方案

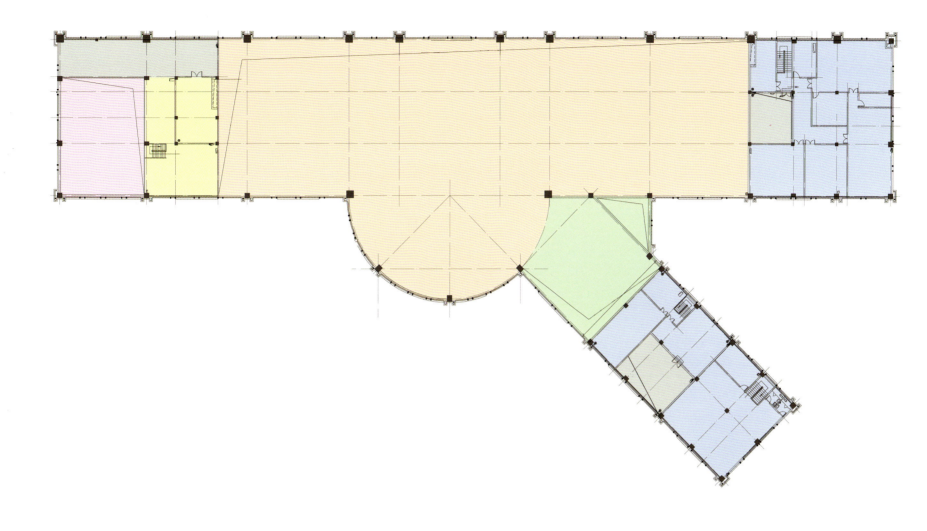
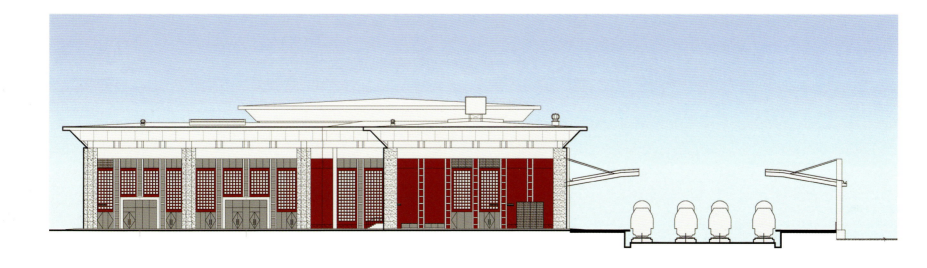

赤壁北站
CHIBIBEI
RAILWAY STATION

上海联创建筑设计有限公司
中铁工程设计院有限公司

　　赤壁摩崖是赤壁市城市意象的代表，摩崖的岩石断面肌理和长江水流对岩石的侵蚀形成了层次分明的印迹，宛如赤壁沧桑历史的层断面。设计以"横向线条和面"作为构思立足点。站房正立面朴素大方，建筑体量饱满，强调水平向形体组合和材质划分，石材和钢的运用增加了建筑的体量感，其形体自由舒展。

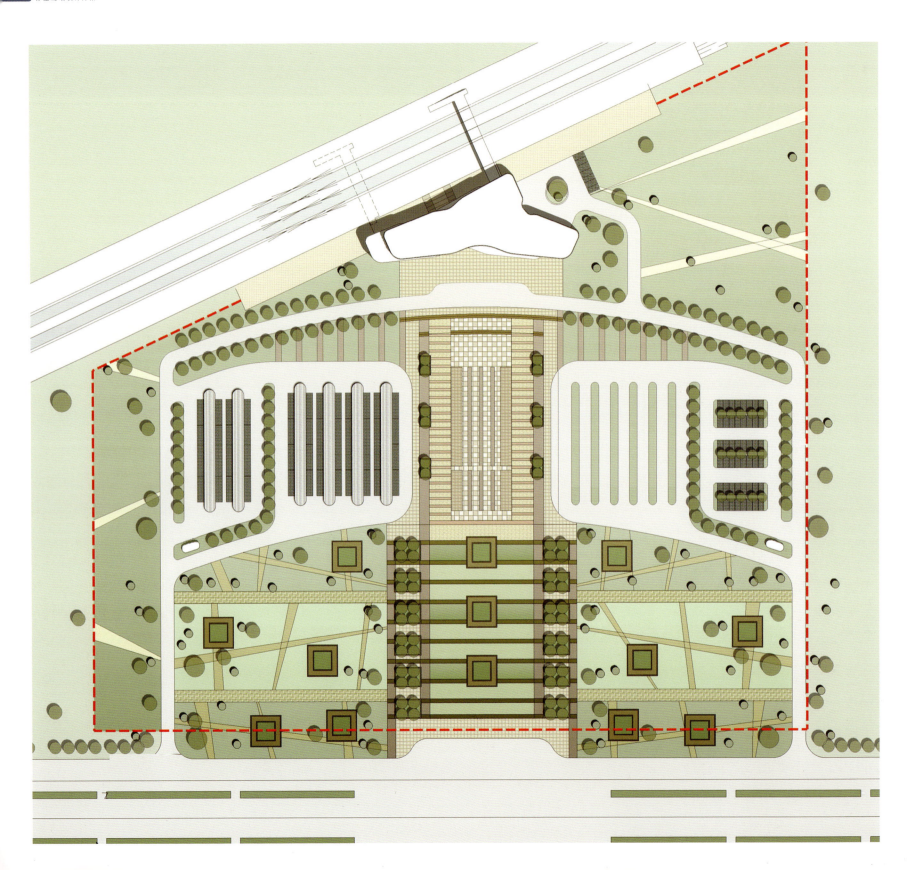

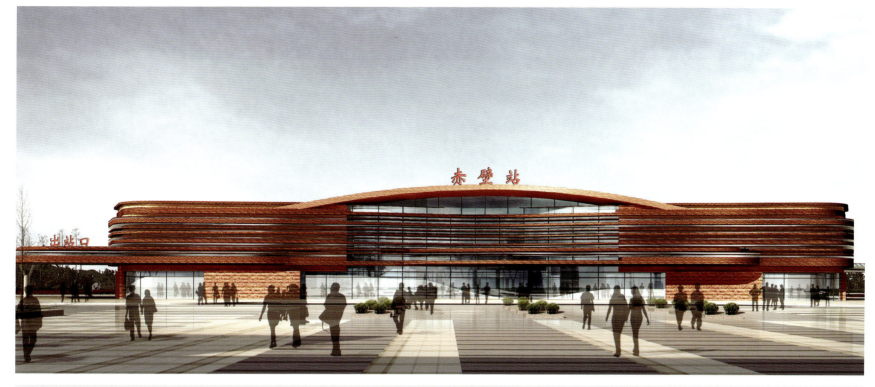

CHIBIBEI
RAILWAY STATION

赤壁北站
CHIBIBEI
RAILWAY STATION

中广国际建筑设计研究院

　　设计中提炼了竹子外秀内韧的高尚品质，在设计之初便赋予建筑以竹子的这种品质，从站房外檐下象征竹林的竹子，到站台上惟妙惟肖的竹节形雨棚，无不展现着赤壁拥有楠竹的文化底蕴。

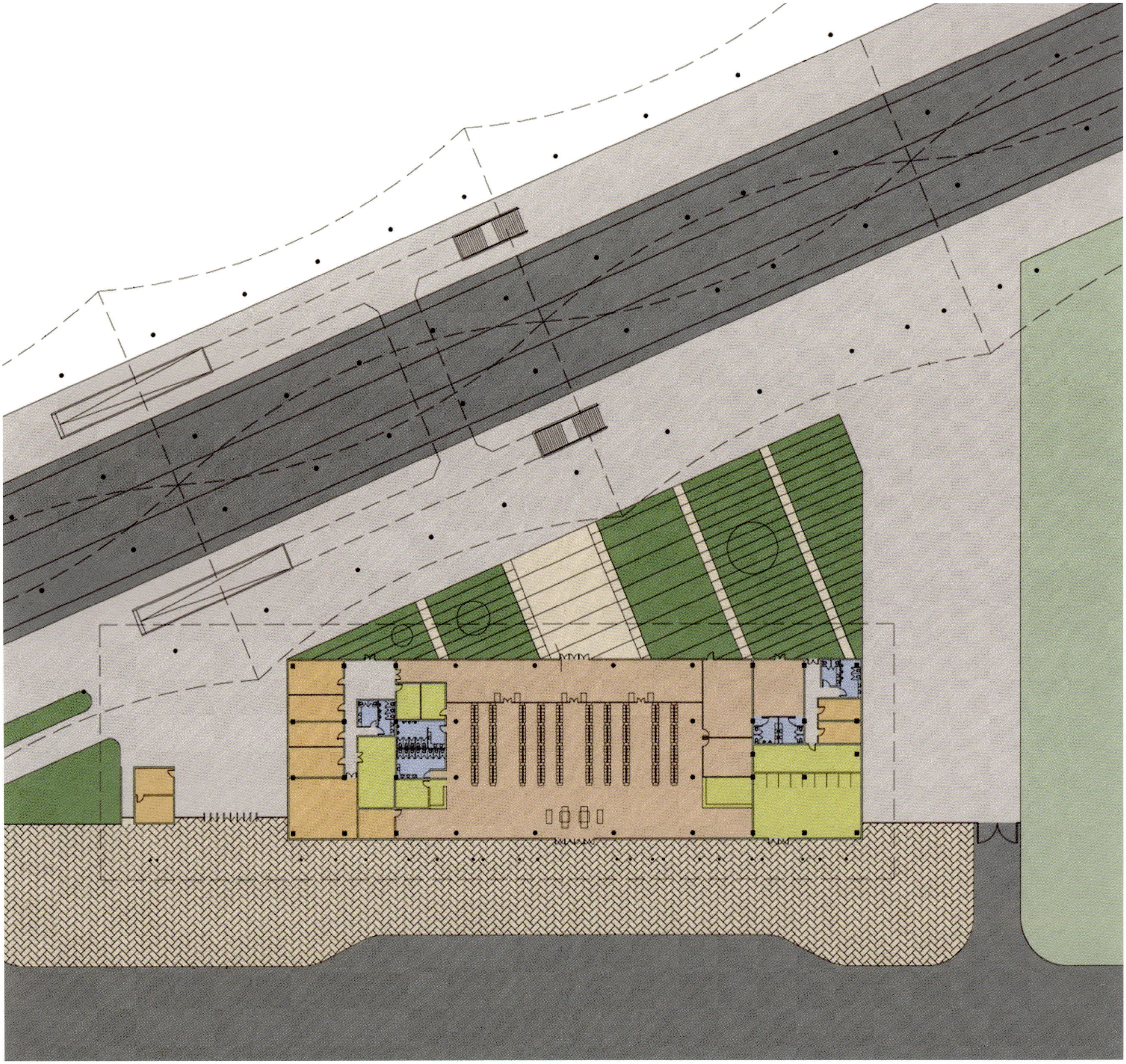

CHIBIBEI
RAILWAY STATION
赤壁北站设计方案

CHIBIBEI
RAILWAY STATION

赤壁北站
CHIBIBEI RAILWAY STATION

中南建筑设计院

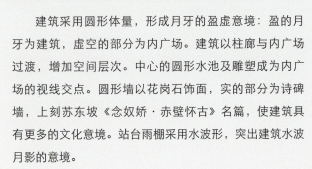

　　建筑采用圆形体量，形成月牙的盈虚意境：盈的月牙为建筑，虚空的部分为内广场。建筑以柱廊与内广场过渡，增加空间层次。中心的圆形水池及雕塑成为内广场的视线交点。圆形墙以花岗石饰面，实的部分为诗碑墙，上刻苏东坡《念奴娇·赤壁怀古》名篇，使建筑具有更多的文化意境。站台雨棚采用水波形，突出建筑水波月影的意境。

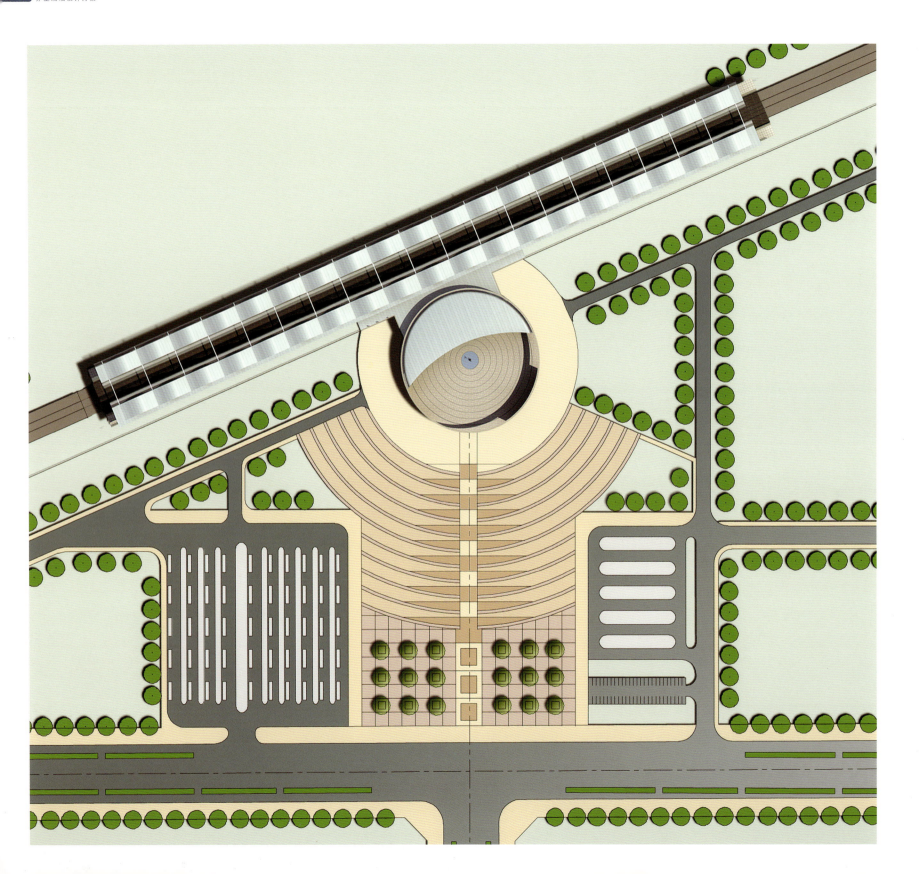

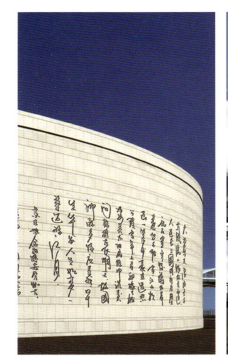

赤壁北站
CHIBIBEI
RAILWAY STATION

中铁工程设计咨询集团有限公司

　　赤壁车站立面上就好像一艘军舰，而平面上则呈三角形状，体现一种凝聚力和坚韧不拔的精神，象征着赤壁人民继承了赤壁之战那种团结、联合、协作精神，千百年来在这块肥沃的土地上开拓、拼搏和前进。另一方面，以赤壁的竹文化为切入点，将竹子作为一种传统而又新型的建筑材料巧妙地运用在车站外立面、内装修及环境等细节设计，带领旅客一起了解赤壁的特色。

CHIBIBEI
RAILWAY STATION
赤壁北站设计方案

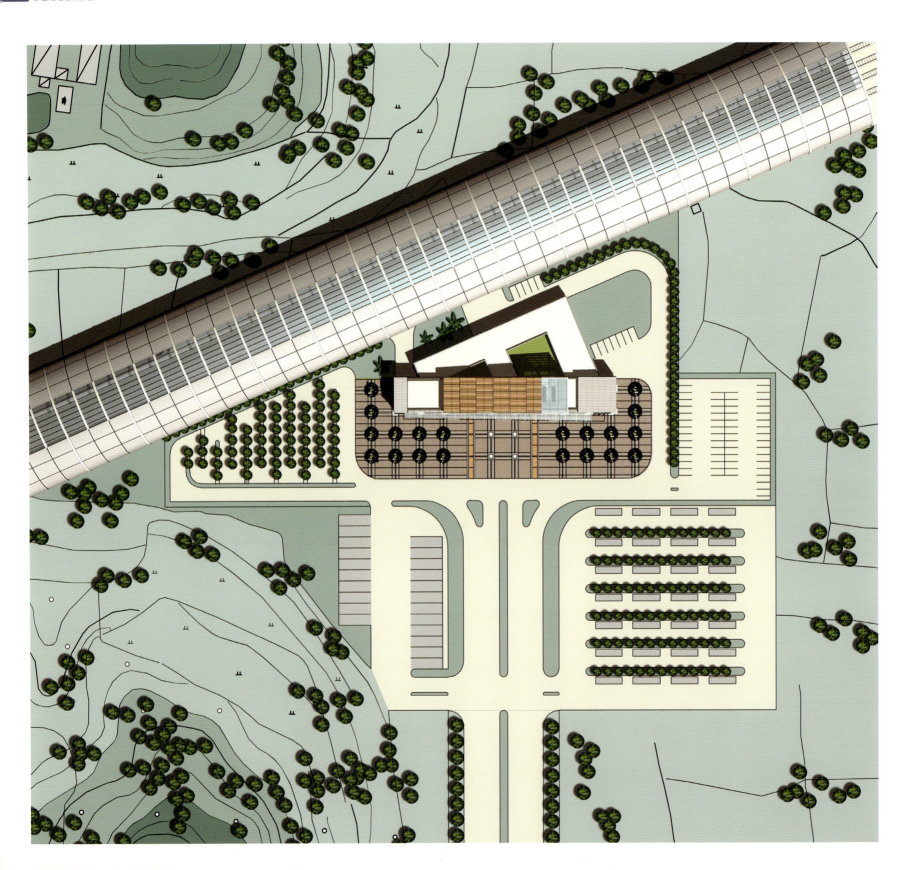

CHIBIBEI
RAILWAY STATION

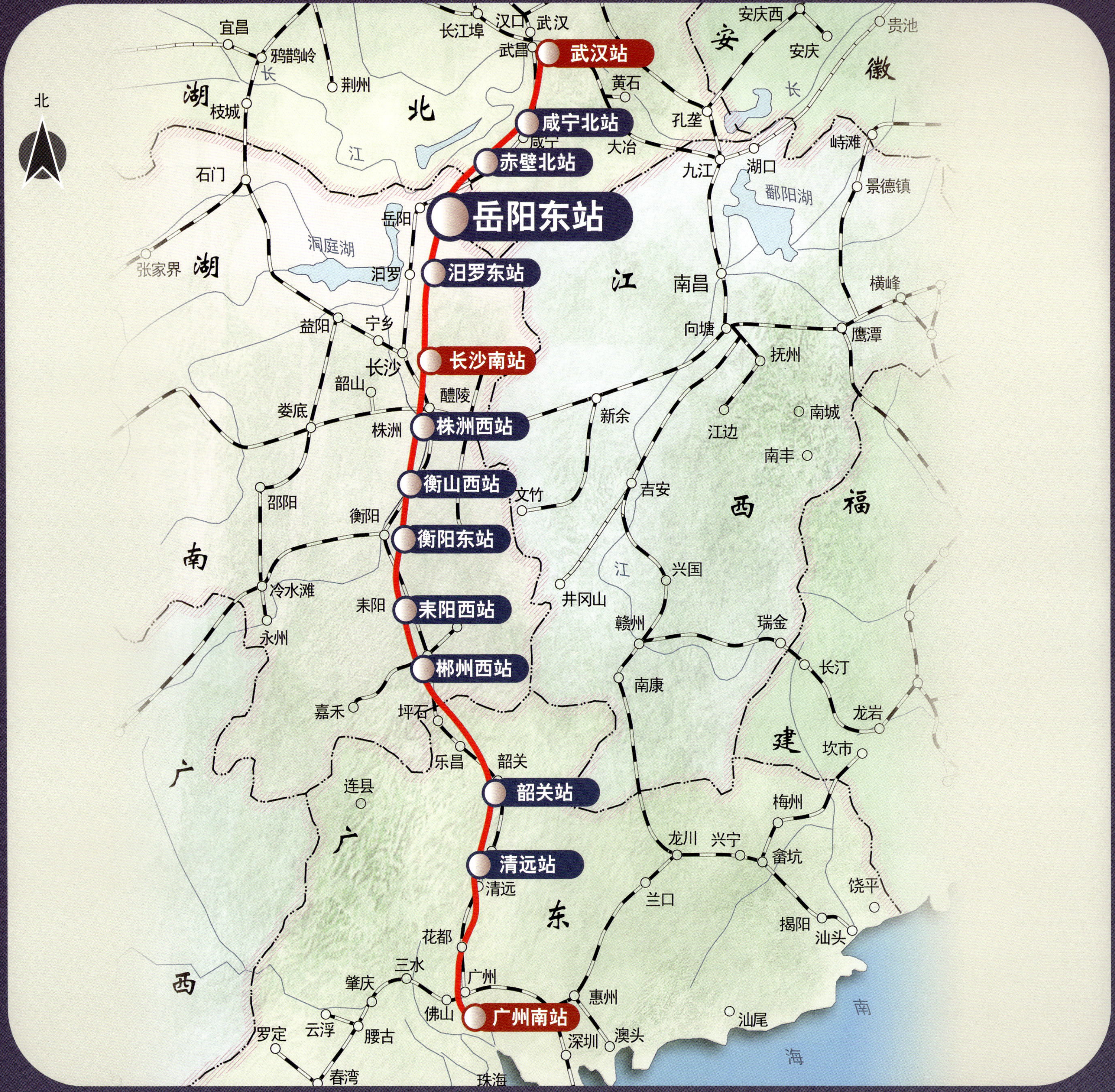

北
武汉站
咸宁北站
赤壁北站
岳阳东站
汨罗东站
长沙南站
株洲西站
衡山西站
衡阳东站
耒阳西站
郴州西站
韶关站
清远站
广州南站
宜昌
鸦鹊岭
荆州
长江埠
汉口
武汉
武昌
黄石
咸宁
大冶
枝城
石门
张家界
岳阳
洞庭湖
汨罗
益阳
宁乡
长沙
韶山
醴陵
娄底
株洲
邵阳
衡阳
文竹
冷水滩
永州
耒阳
嘉禾
坪石
乐昌
韶关
连县
清远
花都
三水
肇庆
广州
佛山
罗定
云浮
腰古
春湾
珠海
深圳
澳头
惠州
汕尾
安庆西
安庆
贵池
孔垄
九江
湖口
鄱阳湖
峙滩
景德镇
南昌
横峰
向塘
鹰潭
抚州
新余
江边
南城
南丰
吉安
井冈山
兴国
赣州
瑞金
长汀
龙岩
南康
坎市
梅州
龙川
兴宁
畲坑
兰口
揭阳
汕头
饶平
湖
北
湖
南
江
西
安
徽
福
建
广
东
广
西
长
江
南
海

岳阳东站
YUEYANGDONG
RAILWAY STATION

中南建筑设计院

武汉市建筑设计院

广东省建筑设计研究院

西南交通大学建筑勘察设计研究院

中建(北京)国际设计顾问有限公司

中铁济南勘察设计咨询院有限公司

项目背景简介

　　岳阳东站位于107国道以东城市规划区的东部边缘，距中心城区约7.0km，离107国道与京珠高速公路联络线及107国道与城市巴陵东路两处互通立交均相距约3.0km，城市主干道巴陵东路东延后正对车站中心。该站规模为5站台面7线（含2条正线），站房建筑面积约12000m²。

岳阳东站
YUEYANGDONG
RAILWAY STATION

中南建筑设计院

  方案以舒展的屋面挑檐和抽象的斗拱为设计的母题，表达了舒缓、大方、错落有致的形象。站房立面以玻璃幕墙结合横向排列的铝合金分格为主，构图肌理暗喻了湘北民居木格窗的特征，表达了湘北门户的设计寓意。同时，正立面玻璃幕墙采用了一些遮阳措施，减弱了西向日晒的影响。

62 YUEYANGDONG RAILWAY STATION
岳阳东站设计方案

YUEYANGDONG RAILWAY STATION
岳阳东站设计方案

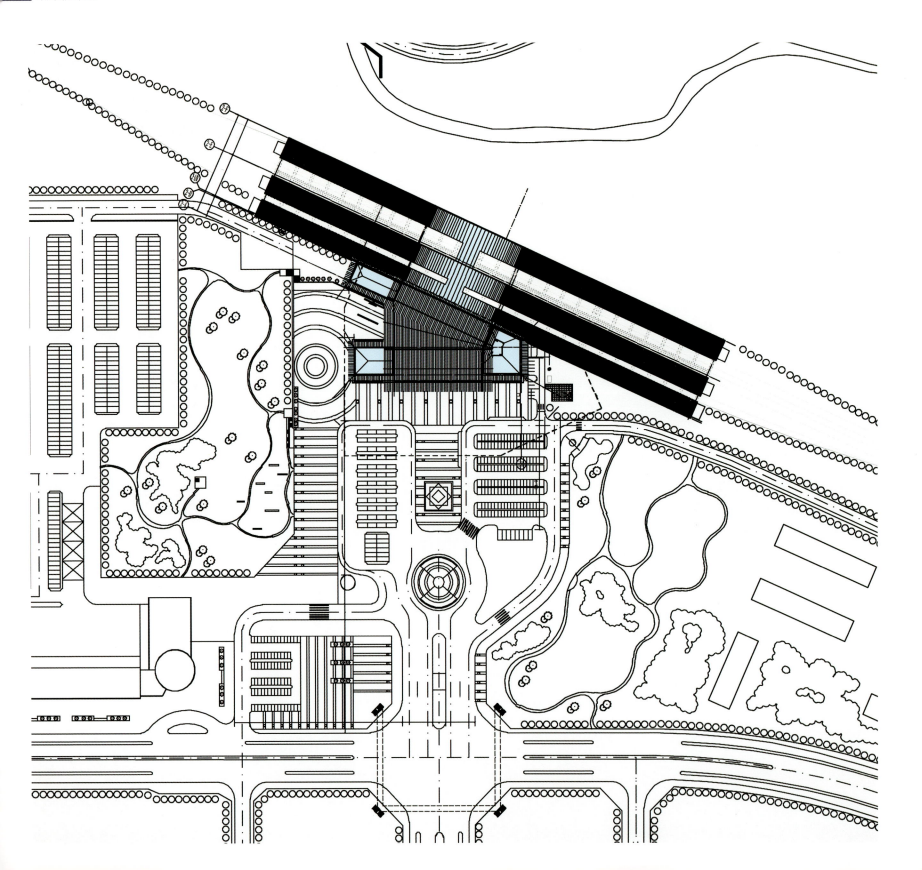

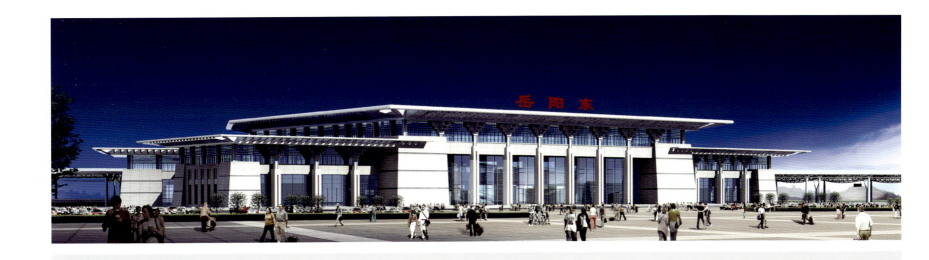

YUEYANGDONG
RAILWAY STATION

# YUEYANGDONG
RAILWAY STATION
岳阳东站设计方案

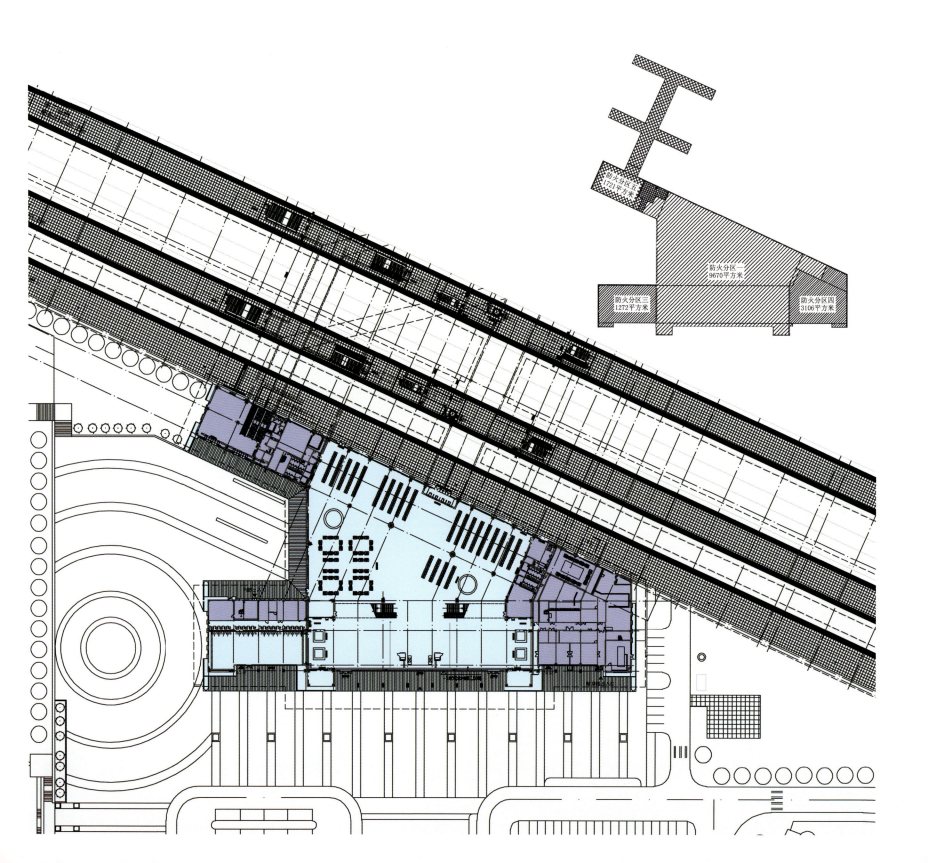

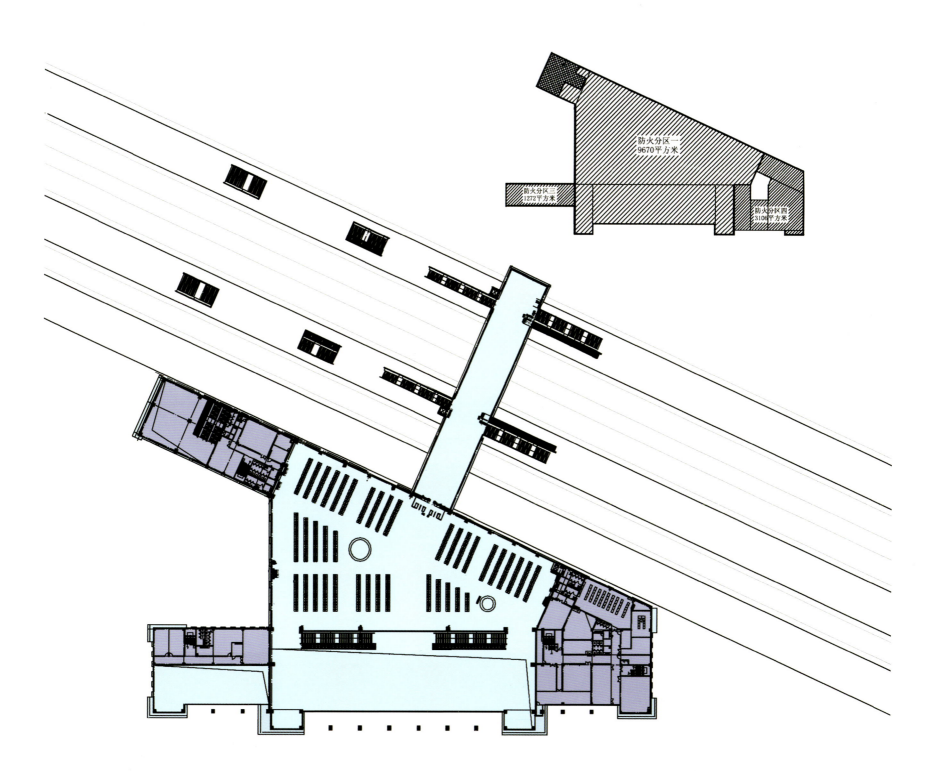

YUEYANGDONG
RAILWAY STATION
岳阳东站设计方案

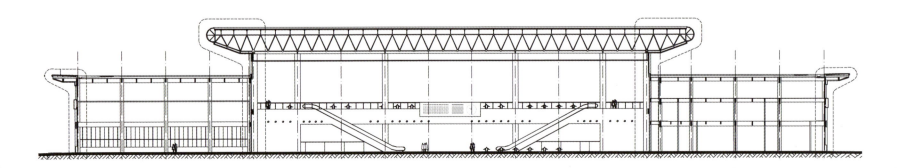

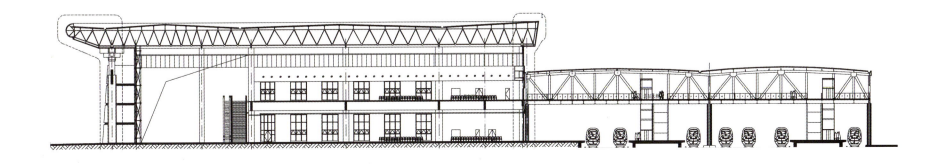

岳阳东站
YUEYANGDONG RAILWAY STATION

武汉市建筑设计院

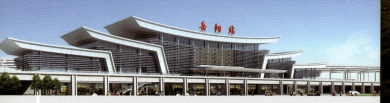

方案取岳阳楼优美的三重起翘挑檐轮廓线作为基本构图元素，整体呈现出宏伟大气的建筑造型，以现代建筑的构成手法取其意境精神，而不是简单模仿其形，从而达到其美轮美奂的韵律节奏之美。立面细节设计上，借鉴了岳阳楼之镂空窗花，通过简化、重复来作为立面中间部分的遮阳百叶，丰富的具有传统特色的光影效果使新岳阳站深深根植于当地文化脉络之中。

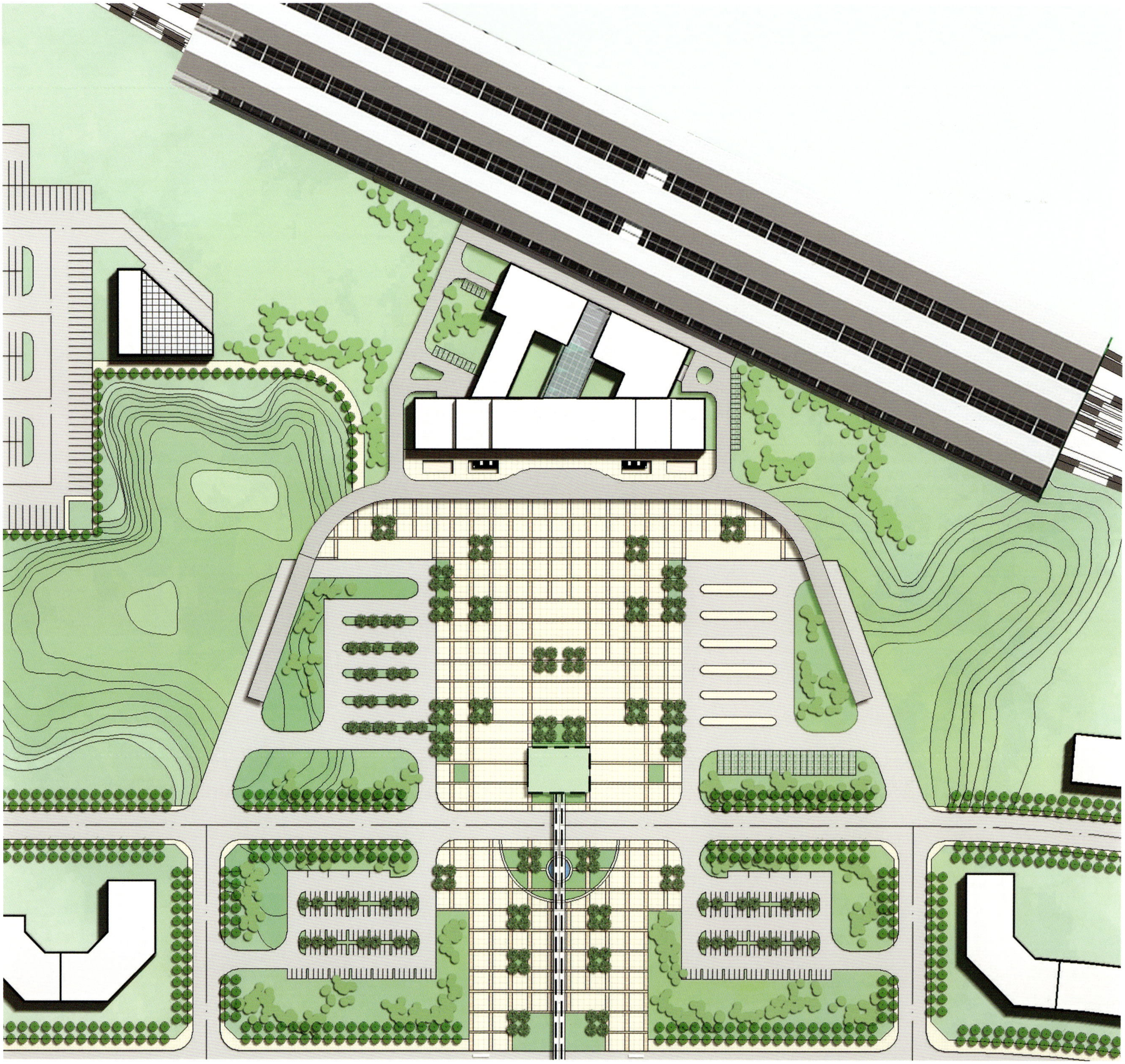

YUEYANGDONG
RAILWAY STATION
岳阳东站设计方案

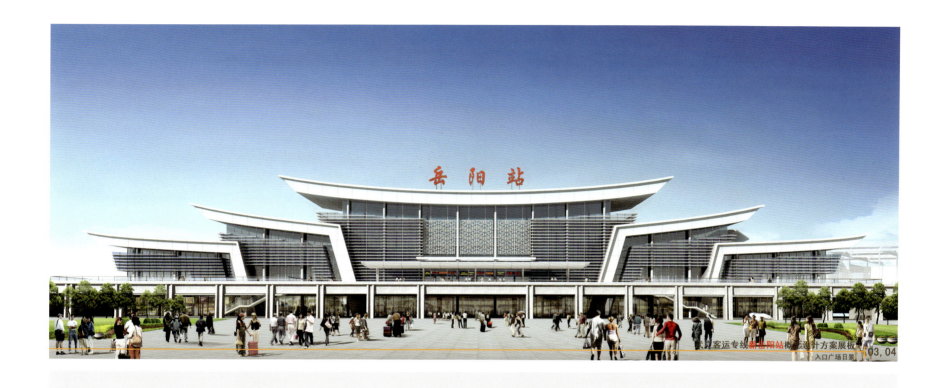

YUEYANGDONG
RAILWAY STATION

岳阳东站
YUEYANGDONG
RAILWAY STATION

广东省建筑设计研究院

方案从中国三大名扇之一的岳州扇获得灵感，以展开的扇形平面布局化解了夹角矛盾，形成一个正对城市轴线的车站建筑形象，并使车站沿城市轴线层层展开，寓意着"展开岳阳的未来"。方案采用扇形的平面布局，使车站建筑的正面正对城市中轴线和站前广场，同时扇形骨架形成的纵向"墙体"，既作为车站的辅助功能，又形成"城墙"式的外观。扇形骨架之间的较大空间作为进站、售票、候车等功能。中间升起的弧形采光屋面，增强了车站流线的导向性，增加了大空间高度，同时又形成了地方传统建筑的"卷棚式"屋顶外观。在这里，"城"与"楼"成为了功能的外在形式要求，功能、形式互相依存，深刻地衬托出岳阳的地方文化神韵。

YUEYANGDONG
RAILWAY STATION
岳阳东站设计方案

YUEYANGDONG
RAILWAY STATION
岳阳东站设计方案

77

YUEYANGDONG
RAILWAY STATION

岳阳东站
YUEYANGDONG
RAILWAY STATION

西南交通大学建筑勘察设计研究院

　　洞庭湖的坦荡、东洞庭湖和君山诗意的环境、岳阳楼陡而复翘的屋顶是构思的源泉，提炼出弧线这一共同元素，将其作为建筑生成的依据。整体建筑在水平方向伸展，呈现一种欢迎的姿态。主立面入口的弧形墙，是对岳阳新站周围环境要素的形态进行抽象、提炼，从而生成一种繁荣生长、蓬勃向上的视觉效果，具有强有力的视觉冲击力。中心的弧形墙不仅强调了入口，并向两侧舒展延伸形成入口雨棚，它和建筑的顶形成一种韵律，整体构图简洁、飘逸。陡立的弧形墙和弧形玻璃屋顶是对岳阳楼将军顶和檐角的抽象。二者和一层的大面积玻璃衬托出入口空间的宽敞明亮。内部空间简洁明快，同时蕴有文化的气息。

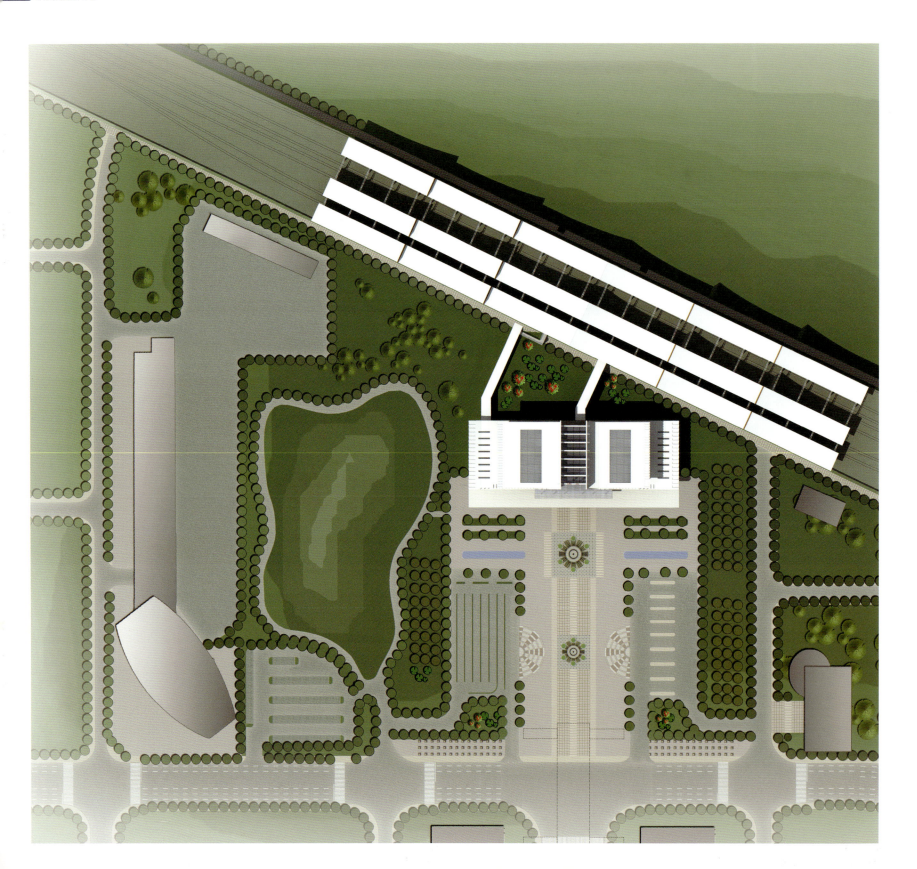

YUEYANGDONG
RAILWAY STATION

岳阳东站
YUEYANGDONG
RAILWAY STATION

中建(北京)国际设计顾问有限公司

　　岳阳市自由、柔美、朝气蓬勃，自然环境、历史文化以及城市发展格局都具有鲜明的特色。设计方案在体现城市性格的基础上充分展现了岳阳市新时代的特点。简洁的体量作为城市轴线的收束，大气而有力；倾斜的墙面将城市轴线继续向东延展；弧形的天际线在体现城市柔美性格的同时也向两侧舒展开来，并延续基地的文脉，与周边的山体很好地融合，体现了对自然的尊重；拱形的建筑外观是对传统建筑的坡屋顶形式的现代表述，灰白相间的墙面是对传统建筑元素的抽象与表达，建筑立面的金属材质随太阳角度的变化反射出波光粼粼的效果，与洞庭湖水相得益彰。

84 YUEYANGDONG RAILWAY STATION
岳阳东站设计方案

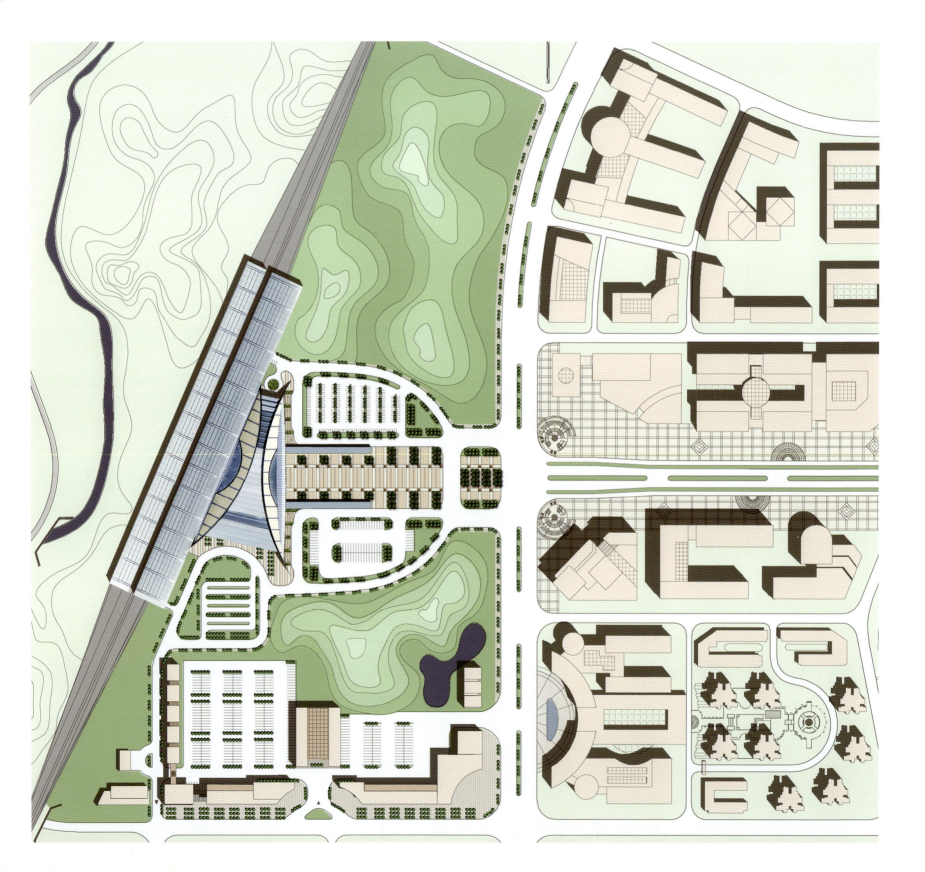

YUEYANGDONG
RAILWAY STATION
岳阳东站设计方案

岳阳东站
YUEYANGDONG
RAILWAY STATION

中铁济南勘察设计咨询院有限公司

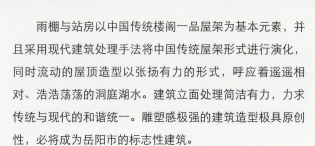

  雨棚与站房以中国传统楼阁一品屋架为基本元素，并且采用现代建筑处理手法将中国传统屋架形式进行演化，同时流动的屋顶造型以张扬有力的形式，呼应着遥遥相对、浩浩荡荡的洞庭湖水。建筑立面处理简洁有力，力求传统与现代的和谐统一。雕塑感极强的建筑造型极具原创性，必将成为岳阳市的标志性建筑。

YUEYANGDONG RAILWAY STATION
岳阳东站设计方案

YUEYANGDONG RAILWAY STATION
岳阳东站设计方案

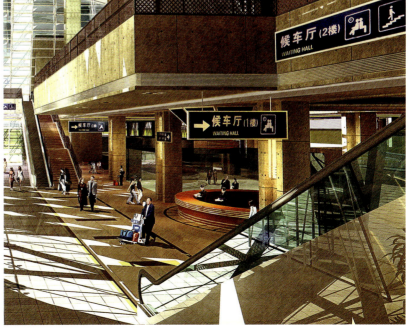

汨罗东站
MILUODONG
RAILWAY STATION

武汉市建筑设计院

广东省建筑设计研究院

西南交通大学建筑勘察设计研究院

中建（北京）国际设计顾问有限公司

中铁济南勘察设计咨询院有限公司

项目背景简介

　　汨罗东站位于汨罗市东南约10km、新市镇西南约5km，靠近107国道，车站北端约2km有连接汨罗与平江的省道1809线通过。该站规模为2站台面4线（含2条正线），站房建筑面积约6000m^2。

汨罗东站
MILUODONG
RAILWAY STATION

武汉市建筑设计院

　　方案采用"龙舟"这一最具汨罗当地地方特色的事物作为屋盖的抽象构成母题；立面上则采用曲形排列的遮阳百叶，象征着汨罗江滔滔不绝的江流。整个建筑造型突出的是"汨罗江上，百舸争流"这一火热朝天景象所反映出来的"龙舟精神"，它同时也是一种集体精神的表现。

MILUODONG
RAILWAY STATION
汨罗东站设计方案

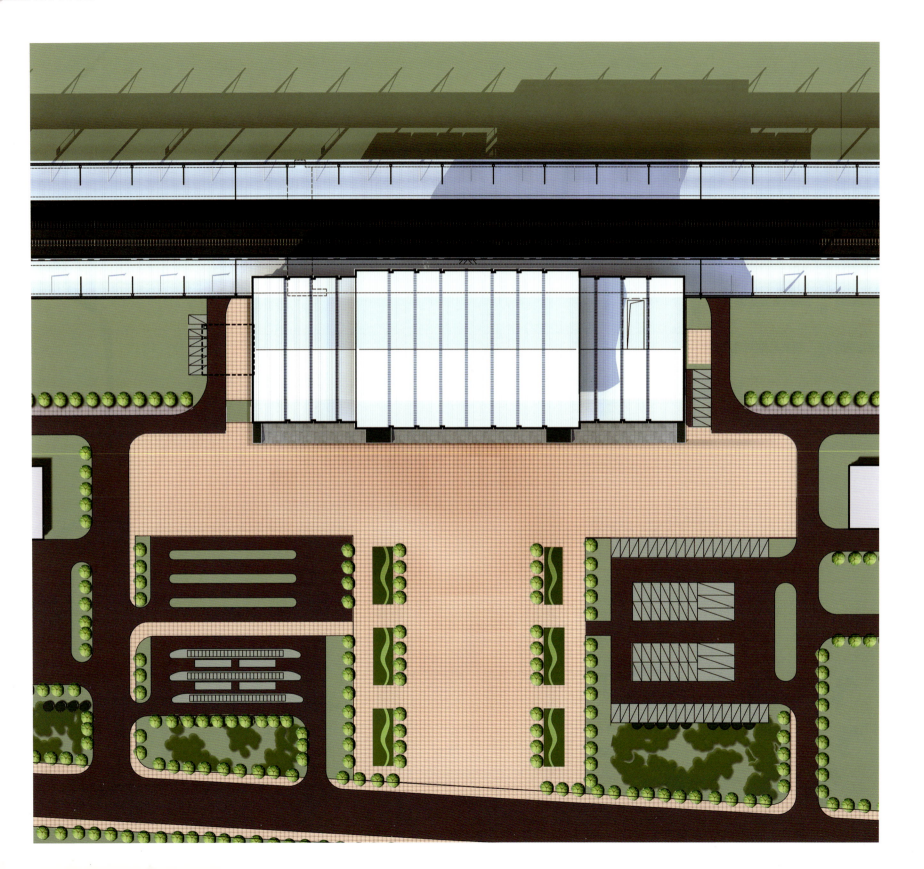

MILUODONG RAILWAY STATION

MILUODONG
RAILWAY STATION
汨罗东站设计方案

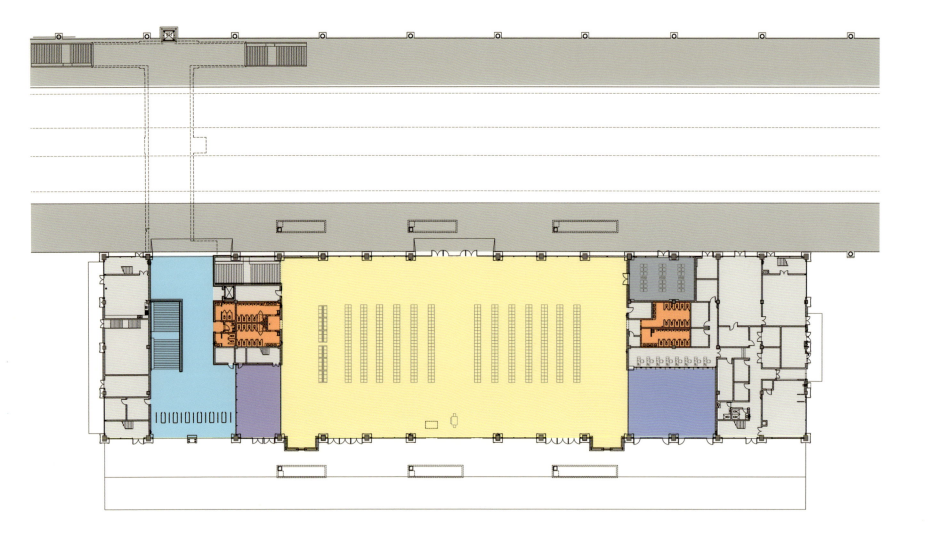

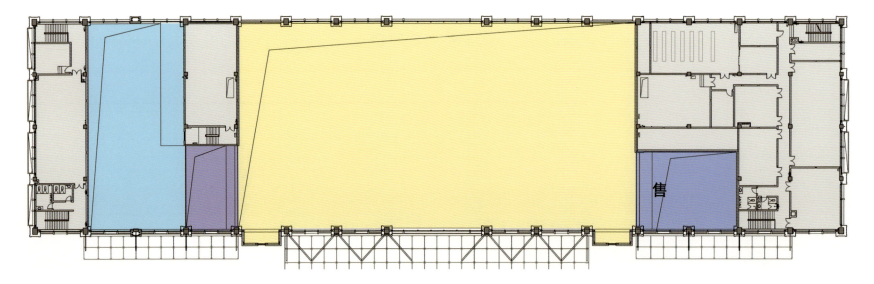

MILUODONG
RAILWAY STATION
泊罗东站设计方案

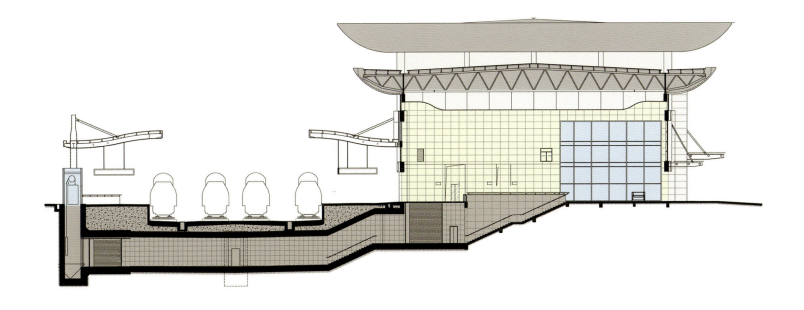

汨罗东站
MILUODONG
RAILWAY STATION

广东省建筑设计研究院

　　方案提炼汨罗大地的众多文化元素，把龙舟文化、屈原诗篇作为其中最有价值的代表，赋予新汨罗站纪念性和歌唱性，让建筑艺术成为传承信息的载体。根据当地气候夏热冬冷的特点，以及站房主立面为东西朝向，主要立面就有了追求"实在"而不是"通透"的天然特征。又由于湖南属长江—南岭竹区，民间大量使用竹子作为建造房屋、交通工具（龙舟）、生活用具的材料，因此方案尝试就地取材，使用密排竹板（经工艺处理）通过现代构造手法搭建幕墙，让车站的主要立面显示出竹板的原始肌理和乡土气息。

MILUODONG
RAILWAY STATION
汨罗东站设计方案

汨罗东站
MILUODONG
RAILWAY STATION

西南交通大学建筑勘察设计研究院

　　通过对汨罗龙舟形象和龙舟精神的抽象与提炼，营造出飘逸灵动的底层建筑轮廓。从东西两侧遥望建筑，站房轮廓线与连接天桥，以及无柱雨棚与南北向轮廓相呼应，均再现龙舟形象，寓意汨罗人民的龙舟精神沿铁路向四方延展发扬，同时又契合了动感、快速、流畅等现代交通建筑的特点。二层出挑深远的屋顶，与楚城城门庄严浑厚的建筑特色相吻合，简化楚城传统建筑木构——柱顶、斗拱，提炼创造出富有新意的仿木构造型檐下列柱，完美地体现出屈原时期楚国楚城的古典韵味及浓厚的地域特色。

MILUODONG
RAILWAY STATION

汨罗东站
MILUODONG
RAILWAY STATION

中建(北京)国际设计顾问有限公司

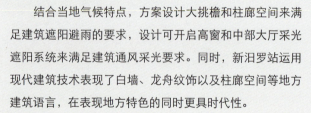

结合当地气候特点，方案设计大挑檐和柱廊空间来满足建筑遮阳避雨的要求，设计可开启高窗和中部大厅采光遮阳系统来满足建筑通风采光要求。同时，新汨罗站运用现代建筑技术表现了白墙、龙舟纹饰以及柱廊空间等地方建筑语言，在表现地方特色的同时更具时代性。

MILUODONG
RAILWAY STATION
汨罗东站设计方案

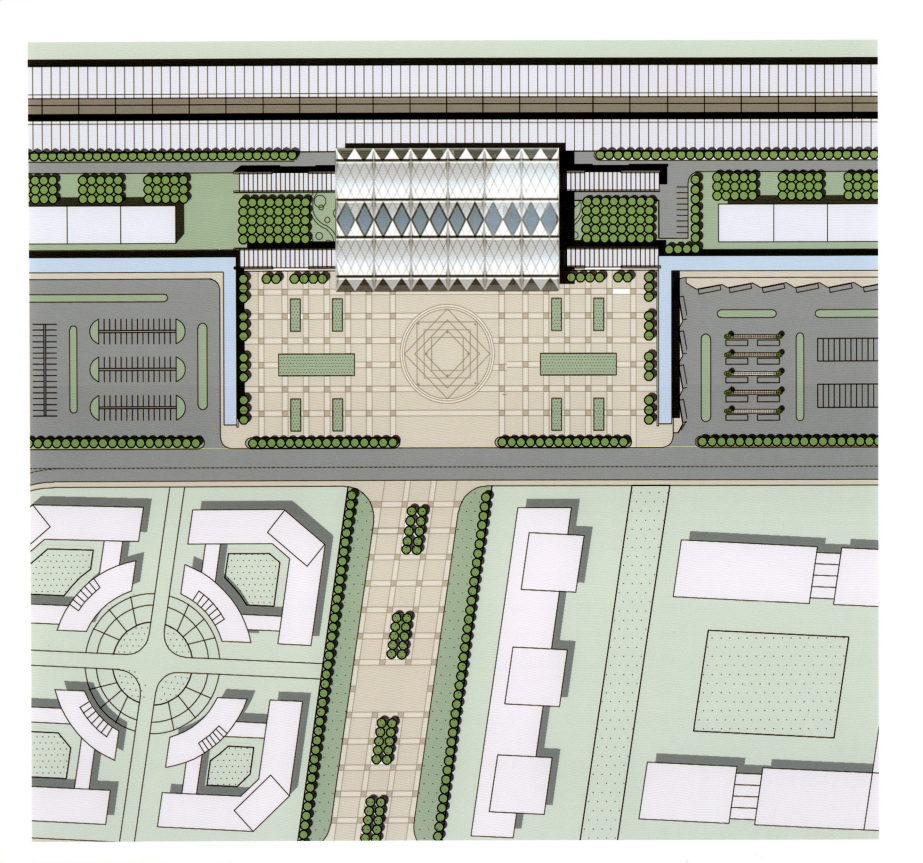

MILUODONG
RAILWAY STATION

汨罗东站
MILUODONG RAILWAY STATION

中铁济南勘察设计咨询院有限公司

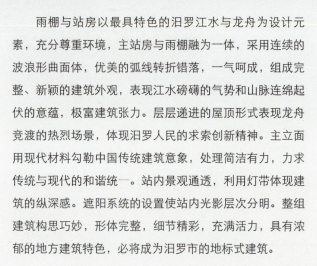

  雨棚与站房以最具特色的汨罗江水与龙舟为设计元素，充分尊重环境，主站房与雨棚融为一体，采用连续的波浪形曲面体，优美的弧线转折错落，一气呵成，组成完整、新颖的建筑外观，表现江水磅礴的气势和山脉连绵起伏的意蕴，极富建筑张力。层层递进的屋顶形式表现龙舟竞渡的热烈场景，体现汨罗人民的求索创新精神。主立面用现代材料勾勒中国传统建筑意象，处理简洁有力，力求传统与现代的和谐统一。站内景观通透，利用灯带体现建筑的纵深感。遮阳系统的设置使站内光影层次分明。整组建筑构思巧妙，形体完整，细节精彩，充满活力，具有浓郁的地方建筑特色，必将成为汨罗市的地标式建筑。

MILUODONG
RAILWAY STATION
汨罗东站设计方案

MILUODONG
RAILWAY STATION

株洲西站
ZHUZHOUXI RAILWAY STATION

武汉市建筑设计院

西南交通大学建筑勘察设计研究院

中建（北京）国际设计顾问有限公司

中铁济南勘察设计咨询院有限公司

广东省建筑设计研究院

项目背景简介

株洲西站位于株洲市湘江以西城市高新技术产业开发区的西边缘，京珠、天易（天台山—易俗河镇）高速公路在车站的西北约1.5km处交汇。该站规模为5站台面7线（含2条正线），站房建筑面积约15000m²。

株洲西站
ZHUZHOUXI
RAILWAY STATION

武汉市建筑设计院

在株洲，工业的痕迹无处不在，工业文化遗产更是遍布市区。车站设计以株洲工业腾飞为主题，充分体现了当地地域文化特色。方案屋盖取"神鸟飞翔"的意象，隐喻当地工业的不断发展推动着株洲城市发展建设的壮大和腾飞。

该方案概念设计总体造型构思巧妙，将多种立意完美协调，独具特色；设计新颖，形体流畅，现代又不失大气，加以富有张力的钢结构，使整体形象既充满标志性的时代气息，又具有鲜明的地域特色和文化传承，体现了对美好明天的信心及希望。

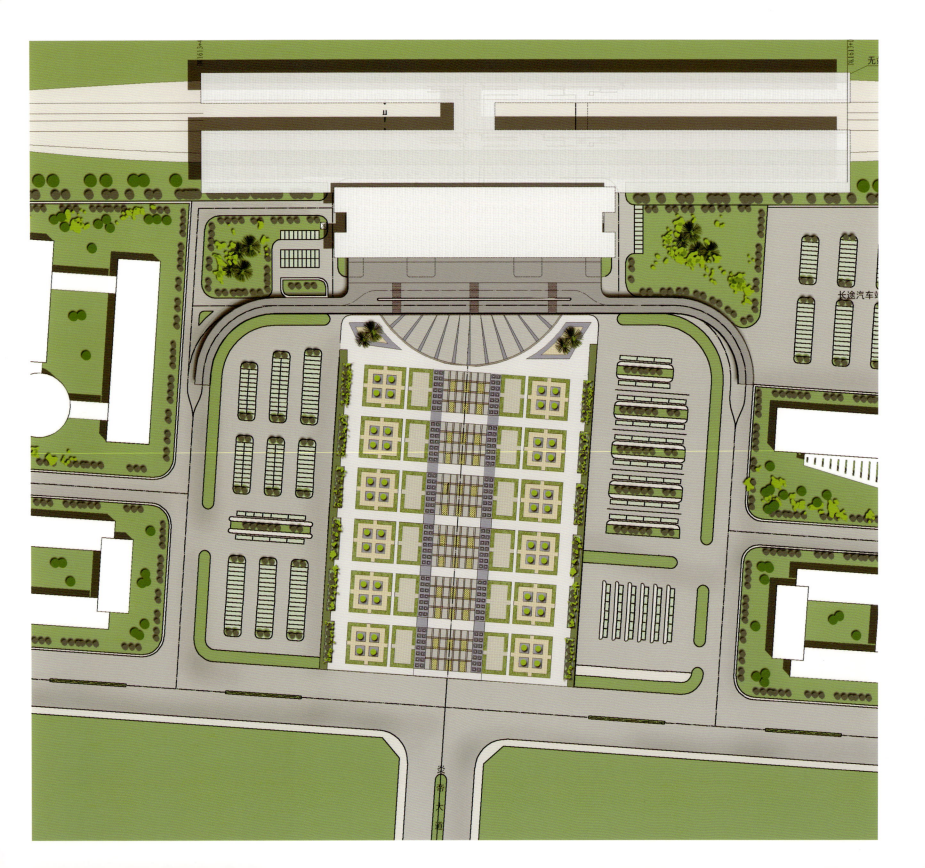

ZHUZHOUXI RAILWAY STATION

124 ZHUZHOUXI RAILWAY STATION
株洲西站设计方案

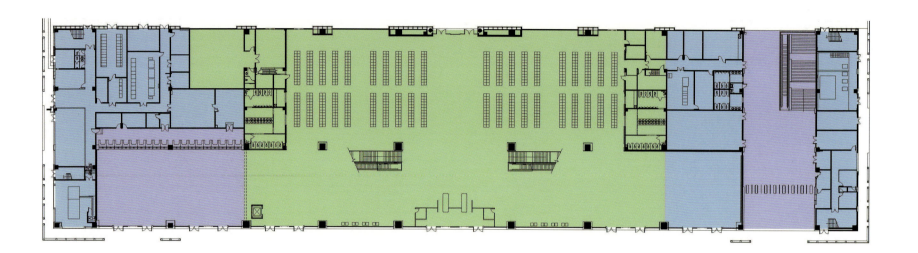

ZHUZHOUXI
RAILWAY STATION

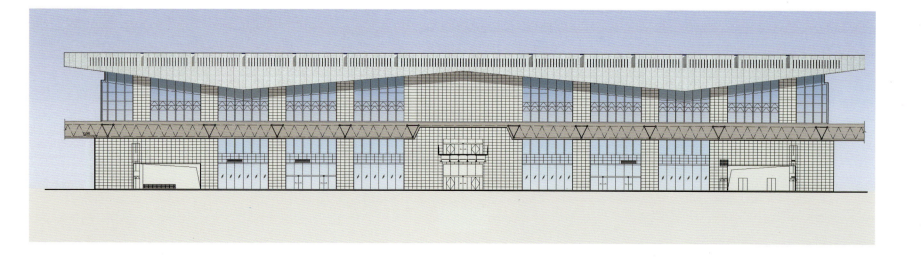

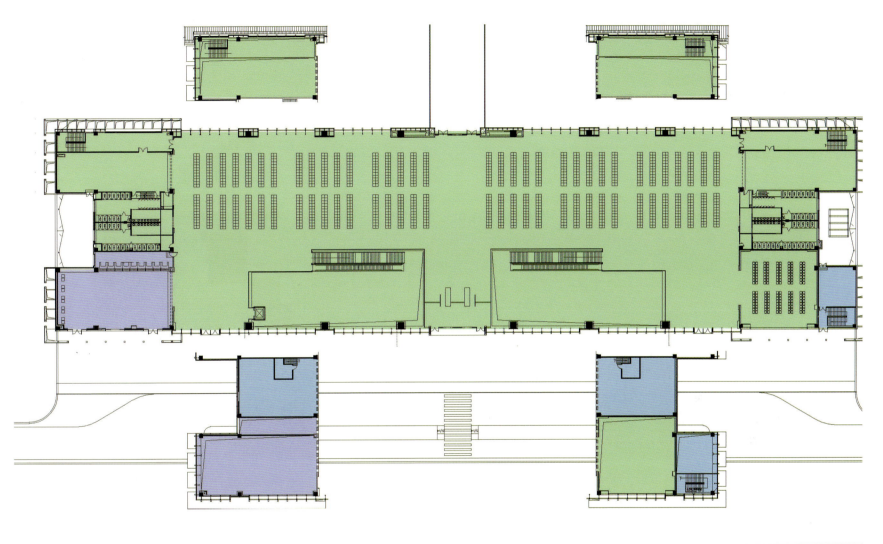

株洲西站
ZHUZHOUXI
RAILWAY STATION

西南交通大学建筑勘察设计研究院

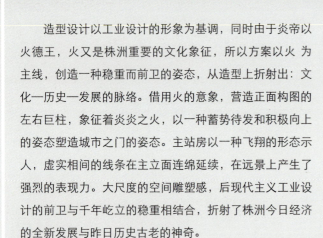

造型设计以工业设计的形象为基调，同时由于炎帝以火德王，火又是株洲重要的文化象征，所以方案以火为主线，创造一种稳重而前卫的姿态，从造型上折射出：文化—历史—发展的脉络。借用火的意象，营造正面构图的左右巨柱，象征着炎炎之火，以一种蓄势待发和积极向上的姿态塑造城市之门的姿态。主站房以一种飞翔的形态示人，虚实相间的线条在主立面连绵延续，在远景上产生了强烈的表现力。大尺度的空间雕塑感，后现代主义工业设计的前卫与千年屹立的稳重相结合，折射了株洲今日经济的全新发展与昨日历史古老的神奇。

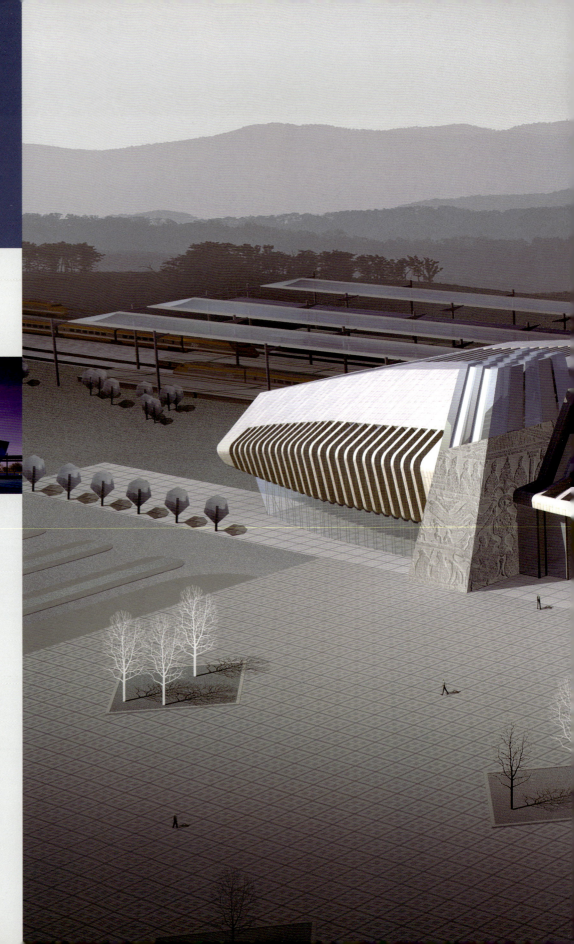

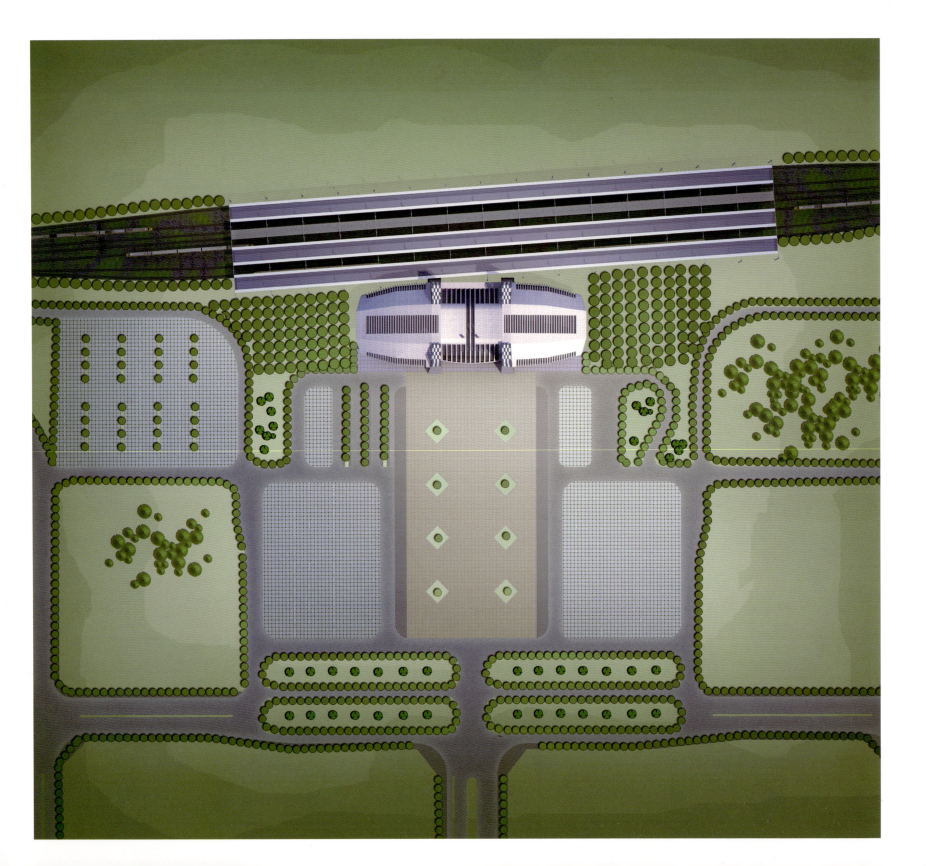

ZHUZHOUXI
RAILWAY STATION

株洲西站
ZHUZHOUXI RAILWAY STATION

中建(北京)国际设计顾问有限公司

　　方案从交通建筑的本体出发，模拟了高速列车的动势，利用建筑元素的错动来表达出建筑的动感，同时也打破了老建筑横平竖直的感觉，利用斜线关系体现了科学技术的现代化，也更加反映出株洲作为工业城市的特点。反映现代化、工业化成为方案设计的主题。富有变化的走廊、嵌入建筑内部的共享空间、天光和外界自然景观的渗透，使交通建筑在较大的尺度上取得丰富的进深感、层次感和韵律感。浑然天成的造型设计，富有个性、形象强烈的建筑形态，充分展现结构本身表现力和空间表现力的手法，使建筑形象更具生命力与时代感。

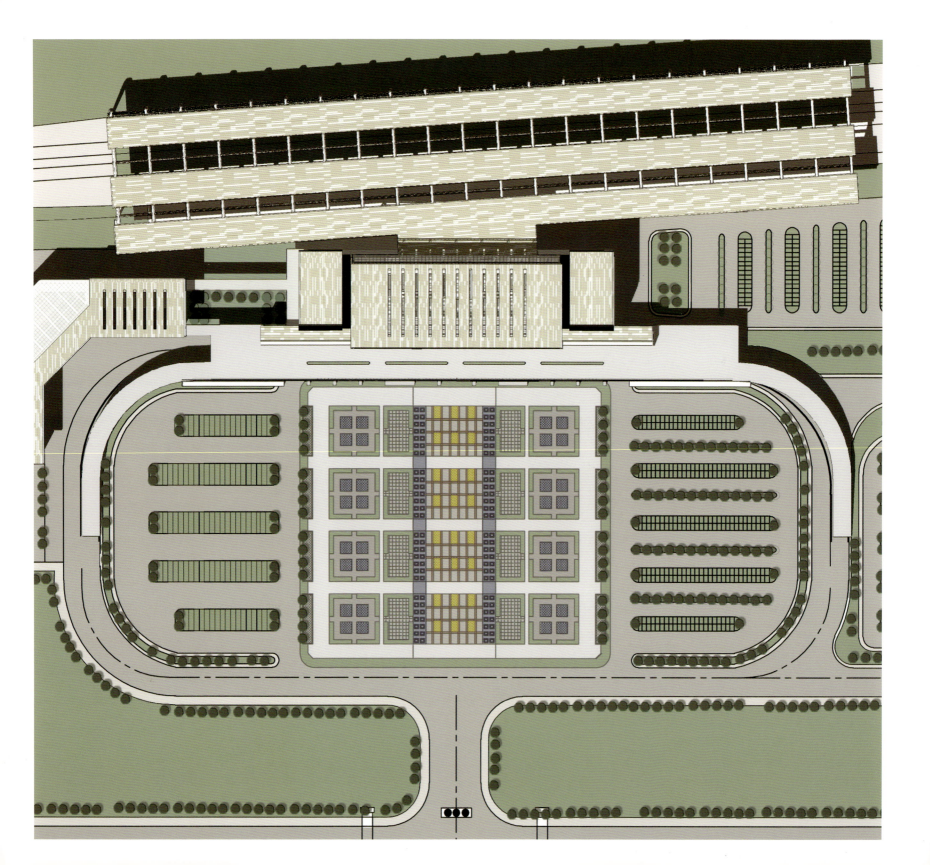

ZHUZHOUXI
RAILWAY STATION

株洲西站
ZHUZHOUXI
RAILWAY STATION

中铁济南勘察设计咨询院有限公司

工业城市的形象代表应当是现代、个性鲜明、具有机器产品风格的标志性建筑。方案设计创意源于UFO，以天外来客的崭新姿态暗喻作为同是新生事物的客运专线新客站将展现全新的铁路形象和铁路服务，同时也预示铁路事业的发展和腾飞。主体建筑共有上、下两层，下层以售票厅和候车厅入口组成建筑基座，上层以候车厅为主体以梭形形态水平伸展形成水平漂浮状建筑；主体两侧的附属建筑以小型的漂浮造型与主体呼应，共同组成一幅动感十足的建筑群体，非常符合交通建筑的性格要求。

ZHUZHOUXI RAILWAY STATION
株洲西站设计方案

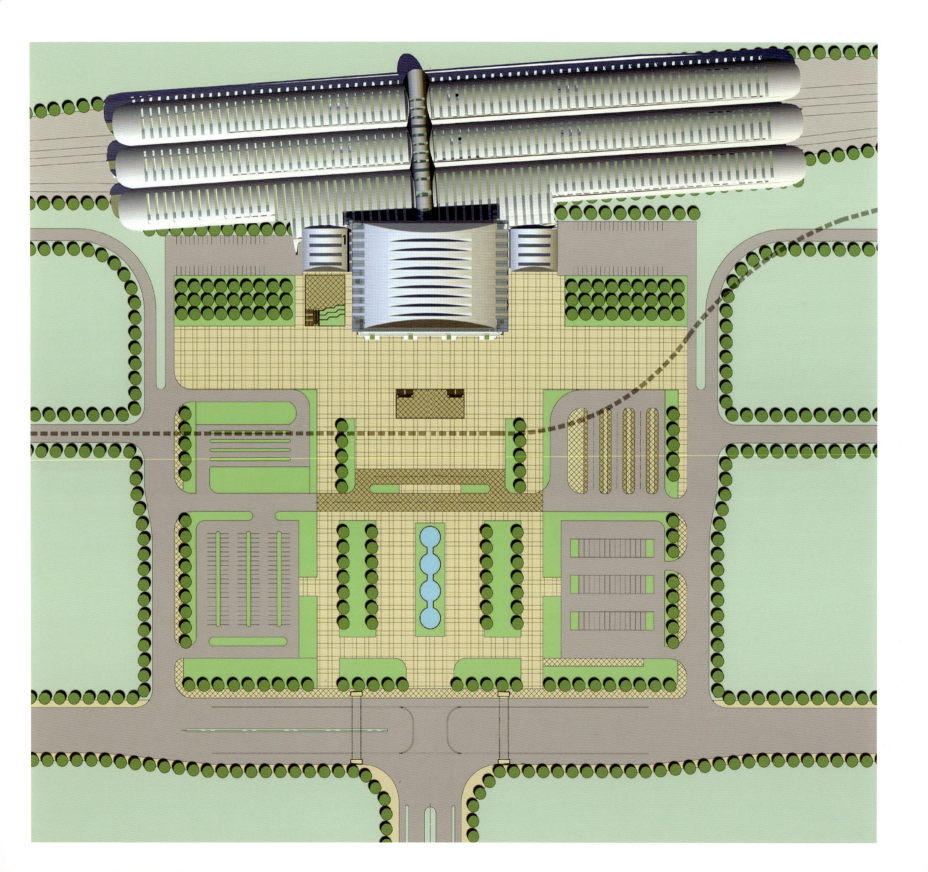

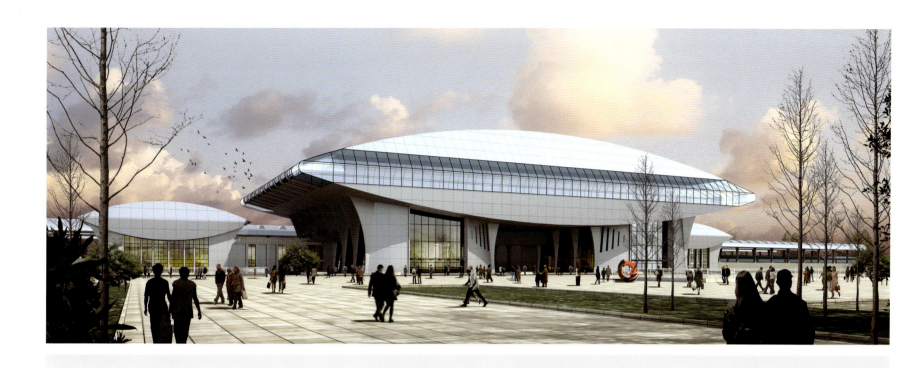

ZHUZHOUXI
RAILWAY STATION

株洲西站
ZHUZHOUXI
RAILWAY STATION

广东省建筑设计研究院

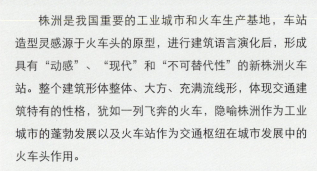

　　株洲是我国重要的工业城市和火车生产基地，车站造型灵感源于火车头的原型，进行建筑语言演化后，形成具有"动感"、"现代"和"不可替代性"的新株洲火车站。整个建筑形体整体、大方、充满流线形，体现交通建筑特有的性格，犹如一列飞奔的火车，隐喻株洲作为工业城市的蓬勃发展以及火车站作为交通枢纽在城市发展中的火车头作用。

ZHUZHOUXI RAILWAY STATION
株洲西站设计方案

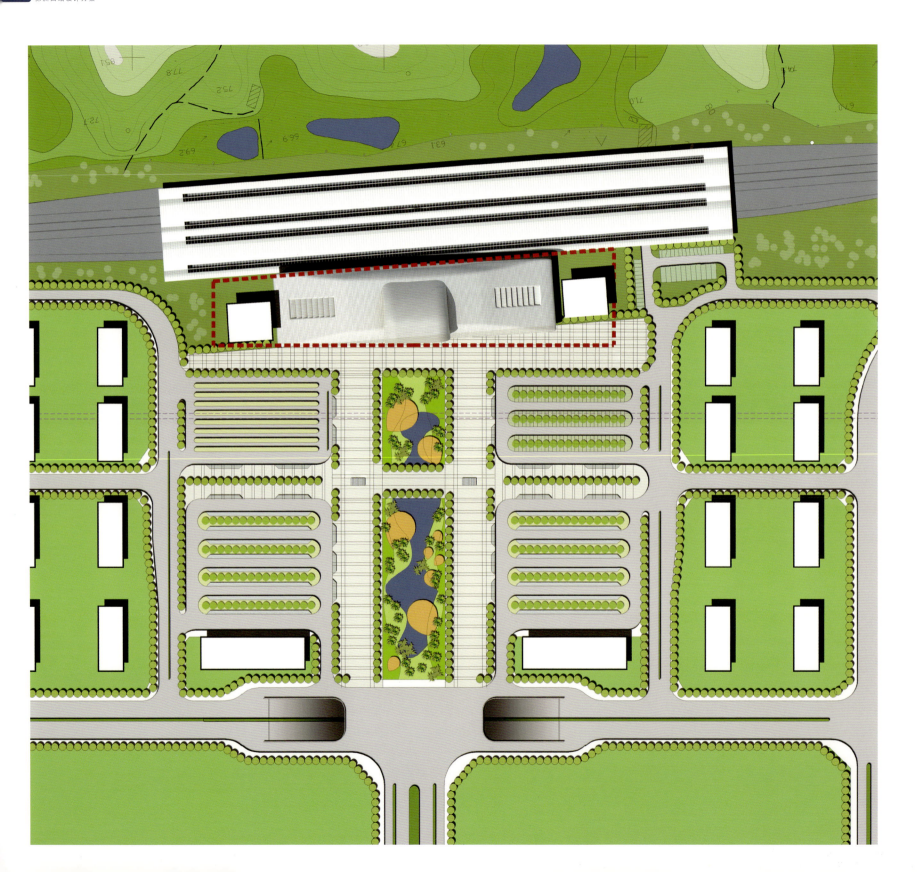

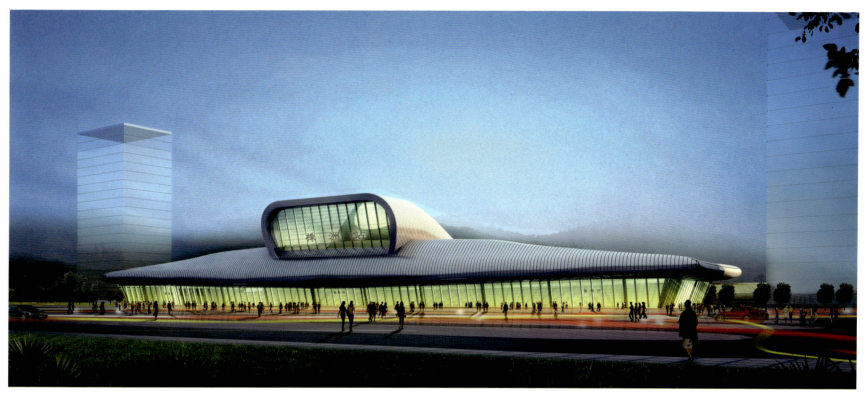

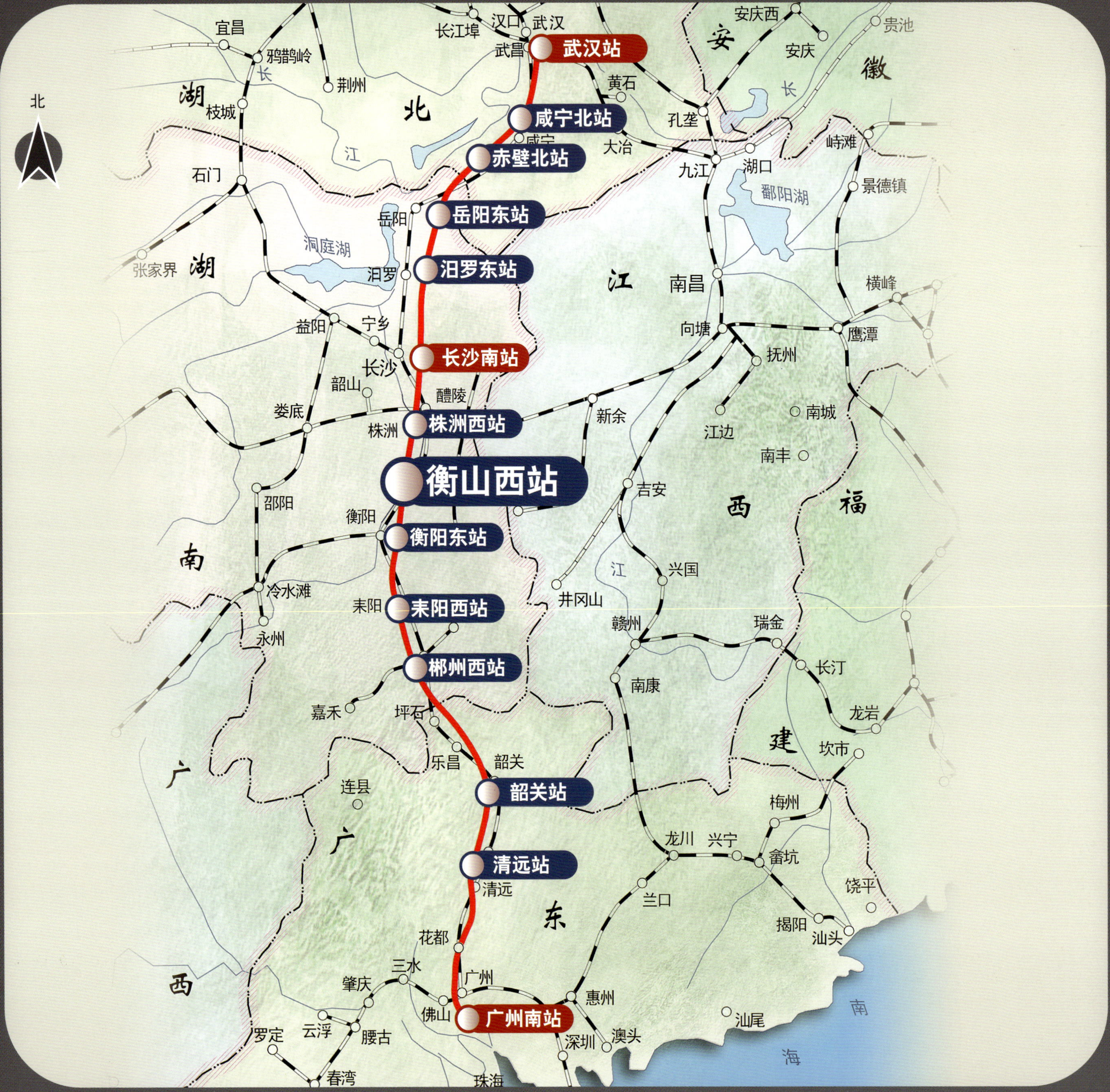
北
武汉站
咸宁北站
赤壁北站
岳阳东站
汨罗东站
长沙南站
株洲西站
衡山西站
衡阳东站
耒阳西站
郴州西站
韶关站
清远站
广州南站
宜昌
鸦鹊岭
荆州
枝城
石门
张家界
长江埠
汉口
武汉
武昌
黄石
大冶
咸宁
孔垄
安庆西
安庆
贵池
九江
湖口
峙滩
景德镇
鄱阳湖
洞庭湖
岳阳
汨罗
益阳
宁乡
长沙
韶山
醴陵
娄底
株洲
新余
南昌
向塘
横峰
鹰潭
抚州
南城
江边
南丰
吉安
邵阳
衡阳
冷水滩
永州
耒阳
井冈山
兴国
赣州
瑞金
长汀
南康
龙岩
坎市
嘉禾
坪石
乐昌
韶关
连县
梅州
龙川
兴宁
畲坑
兰口
饶平
揭阳
汕头
清远
花都
三水
肇庆
广州
惠州
佛山
云浮
腰古
罗定
春湾
深圳
澳头
汕尾
珠海
湖
北
湖
南
江
西
安
徽
福
建
广
东
广
西
南
海
长
江

衡山西站
HENGSHANXI
RAILWAY STATION

中南建筑设计院

上海联创建筑设计有限公司
中铁工程设计院有限公司

中国建筑科学研究院建筑设计院

华南理工大学建筑设计研究院

中铁建柳州勘察设计院

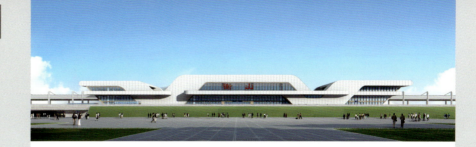

项目背景简介

　　衡山西站位于衡山县师古乡大塘及新坪交界处，距衡山县城8km，距南岳5km，107国道在车站咽喉下穿过。该站规模为2站台面4线（含2条正线），站房建筑面积约6000m²。

衡山西站
HENGSHANXI
RAILWAY STATION

中南建筑设计院

　　方案强调新衡山站的地方特色，强调建筑形式与所在环境的共生关系，抓住"衡山独如飞"这一鲜明的自然特点，进行抽象概括，使新的衡山站标新立异，独树一帜。形式与功能的完美统一体现在设计之中。起伏的屋面形成变化丰富的室内空间，与功能同步，自然的引导流线，使旅客在站内空间具有明确的方位感。

145

HENGSHANXI RAILWAY STATION
衡山西站设计方案

148 HENGSHANXI RAILWAY STATION
衡山西站设计方案

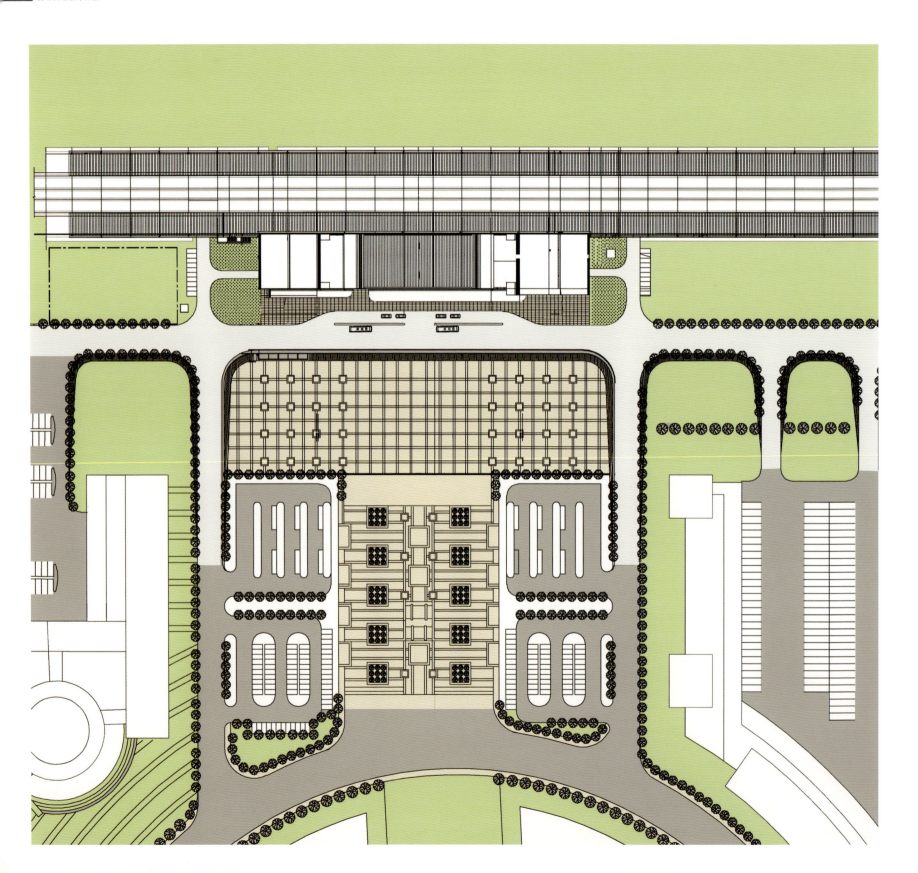

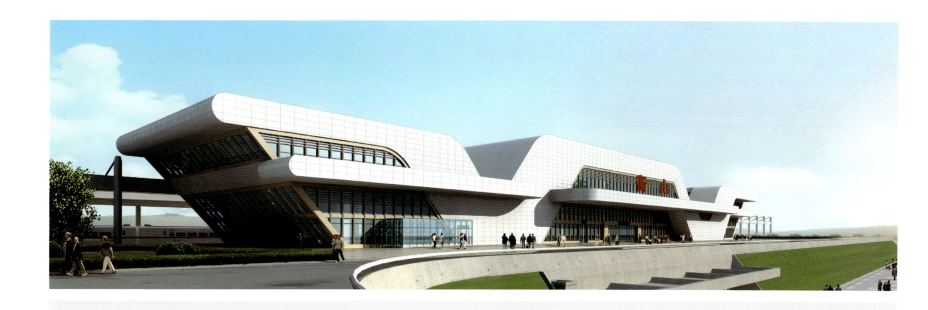

HENGSHANXI
RAILWAY STATION

HENGSHANXI
RAILWAY STATION

HENGSHANXI
RAILWAY STATION

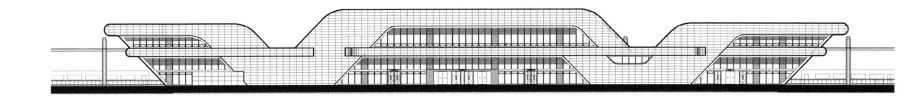
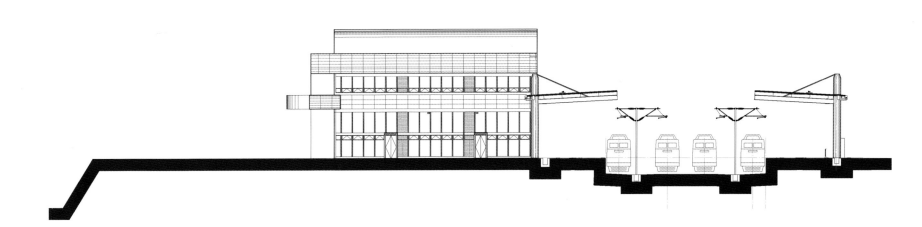

衡山西站
HENGSHANXI
RAILWAY STATION

上海联创建筑设计有限公司
中铁工程设计院有限公司

方案以"门"作为设计灵感的来源。整体造型特征体现了南岳衡山"气势如飞"的特点,出檐深远的站房屋顶向远处柔缓地飘出,具有飘逸飞扬的气势。站棚的屋顶与站房屋顶相互辉映,形成层层叠起逐渐向上的建筑气势,相互叠落的屋顶与周围丘陵地势形成了很好的呼应,体现着衡山独有的云雾景象。

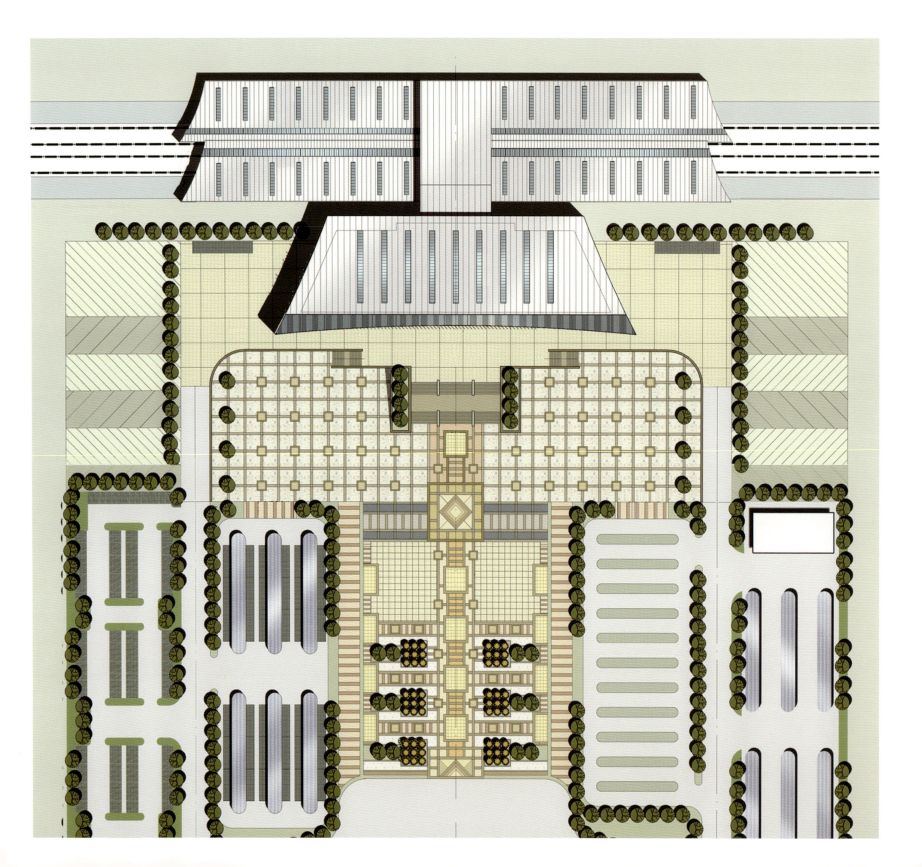

HENGSHANXI
RAILWAY STATION

衡山西站
HENGSHANXI
RAILWAY STATION

中国建筑科学研究院建筑设计院

把新衡山站作为衡山的一部分，使其融入衡山，成为一块山石、一道风景。在建筑形体上以山体为基调，简洁的体块相互穿插，借鉴中国传统山水画写山构石的手法，创造出一个和谐庄重的意境，同时用现代形体构成的方式来塑造建筑体量，又带来一种山体峭壁般巨大的张力，得意而不忘形，使新衡山站与群峰巍峨、气势磅礴的衡山融为一体，又不失自己的个性。

HENGSHANXI RAILWAY STATION
衡山西站设计方案

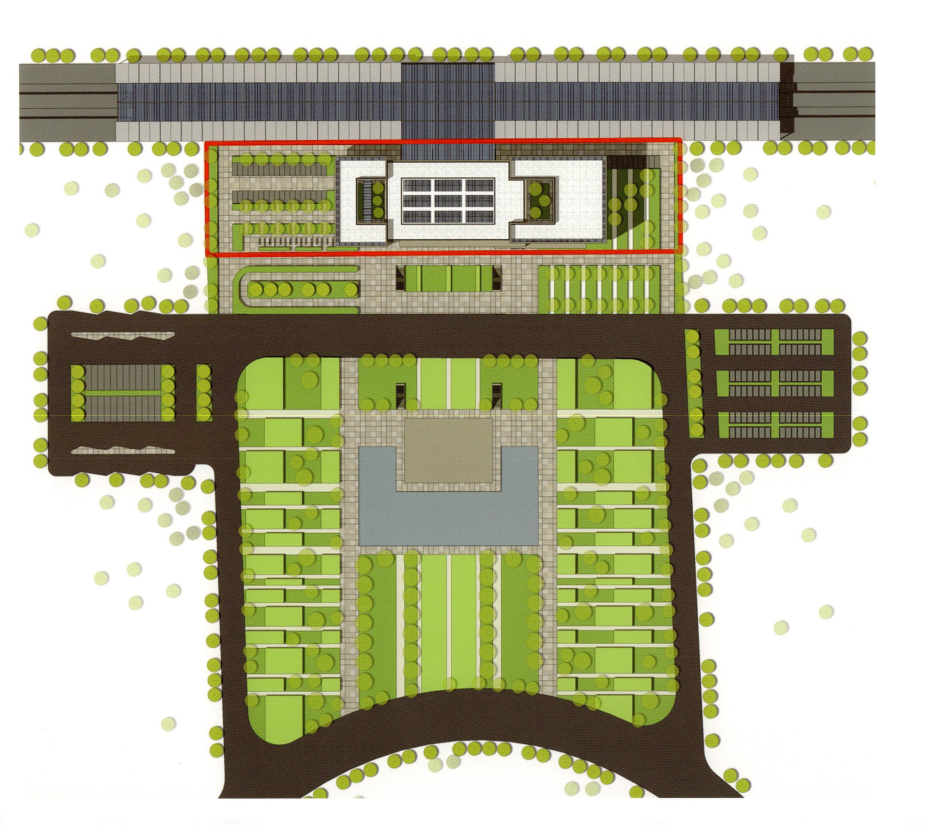

HENGSHANXI RAILWAY STATION
衡山西站设计方案

HENGSHANXI RAILWAY STATION

衡山西站
HENGSHANXI
RAILWAY STATION

华南理工大学建筑设计研究院

车站建筑与站棚一体化塑造了舒展的站房造型。在材料的应用上,使用钢材、玻璃、新型轻质砌块等,并结合各种节能手段,创造富有时代特征的建筑形象。在车站造型中,通过对衡山意象的浓缩,融合周边的自然景观,创造出抽象的衡山奇峰造型。

HENGSHANXI
RAILWAY STATION
衡山西站设计方案

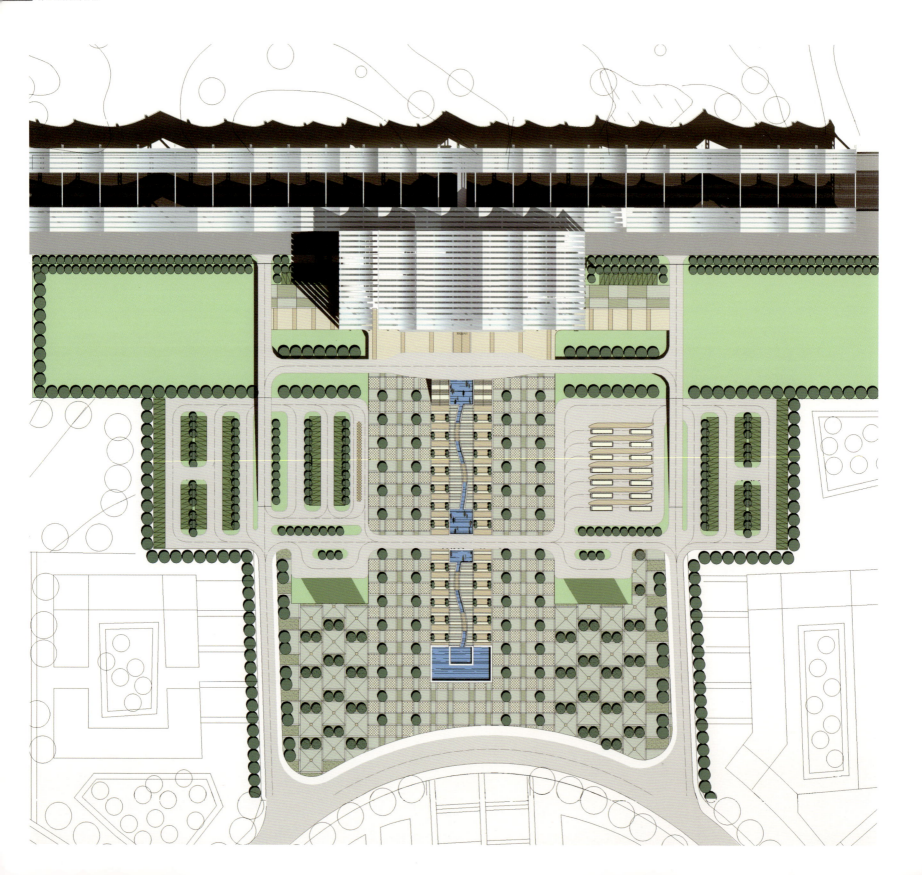

HENGSHANXI
RAILWAY STATION
衡山西站设计方案

HENGSHANXI
RAILWAY STATION

衡山西站
HENGSHANXI
RAILWAY STATION

中铁建柳州勘察设计院

　　方案抽取"鼎"的寓意，建筑外形庄重、大气、简洁，体现了衡山深厚的文化底蕴和与时俱进的现代风貌。整个建筑以石材为主，在主入口外以百叶遮挡，形成虚与实的完美结合，使建筑在庄重中透着轻盈，以突出"惟有南岳独如飞"之泱泱气概。建筑色调清爽明快，很好地溶入衡山秀美的景色之中，自然环境与人文建筑相得益彰，为衡山旅游又增添了一道亮丽景观。

HENGSHANXI
RAILWAY STATION

衡阳东站
HENGYANGDONG RAILWAY STATION

中南建筑设计院

华南理工大学建筑设计研究院

上海联创建筑设计有限公司
中铁工程设计院有限公司

中国建筑科学研究院建筑设计院

中铁建柳州勘察设计院

项目背景简介

　　衡阳东站位于城市规划的东部边缘、耒阳以东衡南县的咸塘镇，距既有衡阳站8km。该站规模为9站台面11线（含2条正线），站房建筑面积约16000m²。

衡阳东站
HENGYANGDONG
RAILWAY STATION

中南建筑设计院

方案以"群雁展翅"作为造型设计的构思意向，将叠落的人字形屋顶作为车站站房和站台雨棚的设计母题，抽象地表达了群雁展翅待飞的形态，造型设计舒缓、大方，错落有致。站房立面竖向排列的铝合金百叶分格造型暗仿了羽毛的特征，婉转地表达了设计寓意；用现代建筑的节点设计手法对构造细部进行刻画，体现了现代交通建筑简洁大方、强调工业技术的风格。

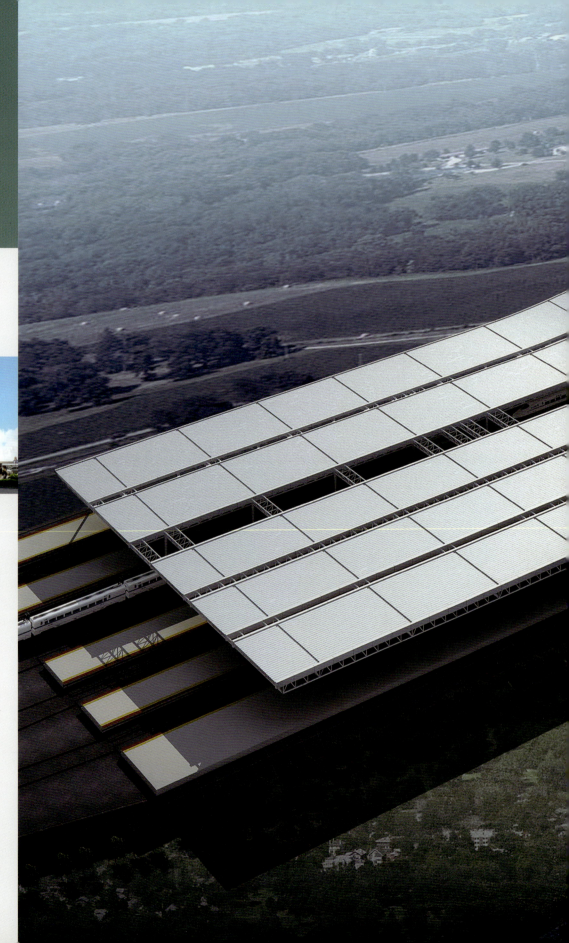

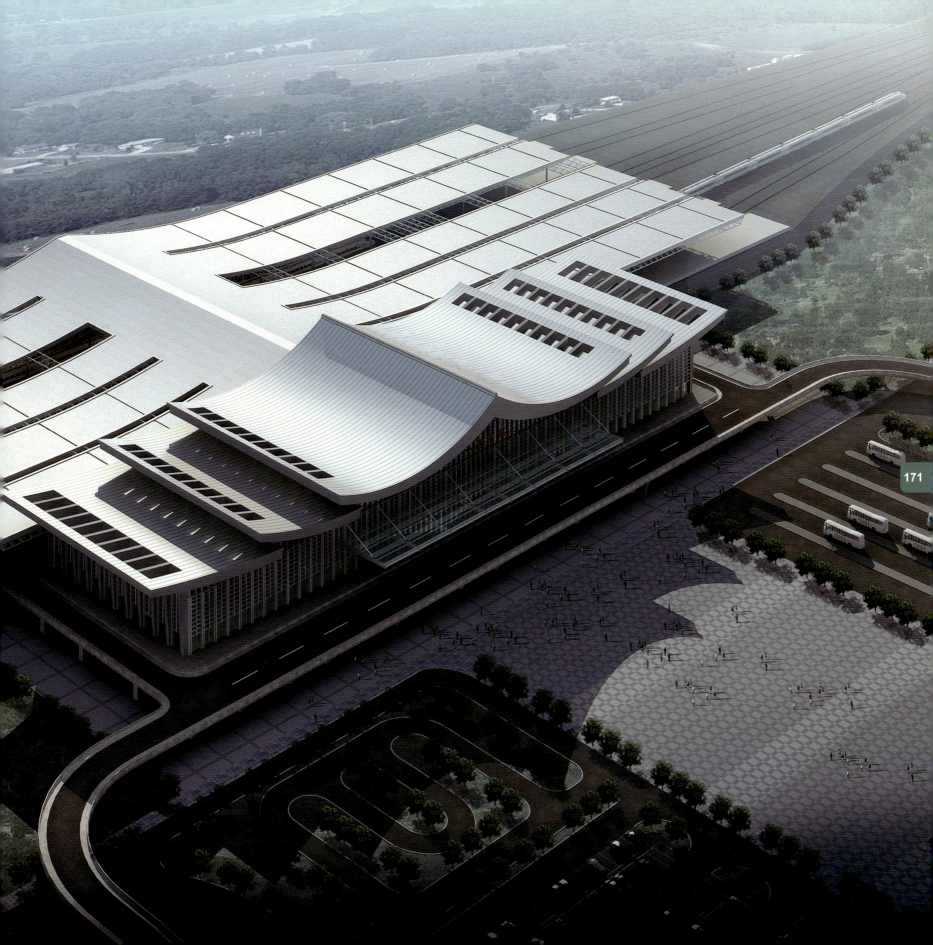

172 HENGYANGDONG RAILWAY STATION
衡阳东站设计方案

HENGYANGDONG RAILWAY STATION
衡阳东站设计方案

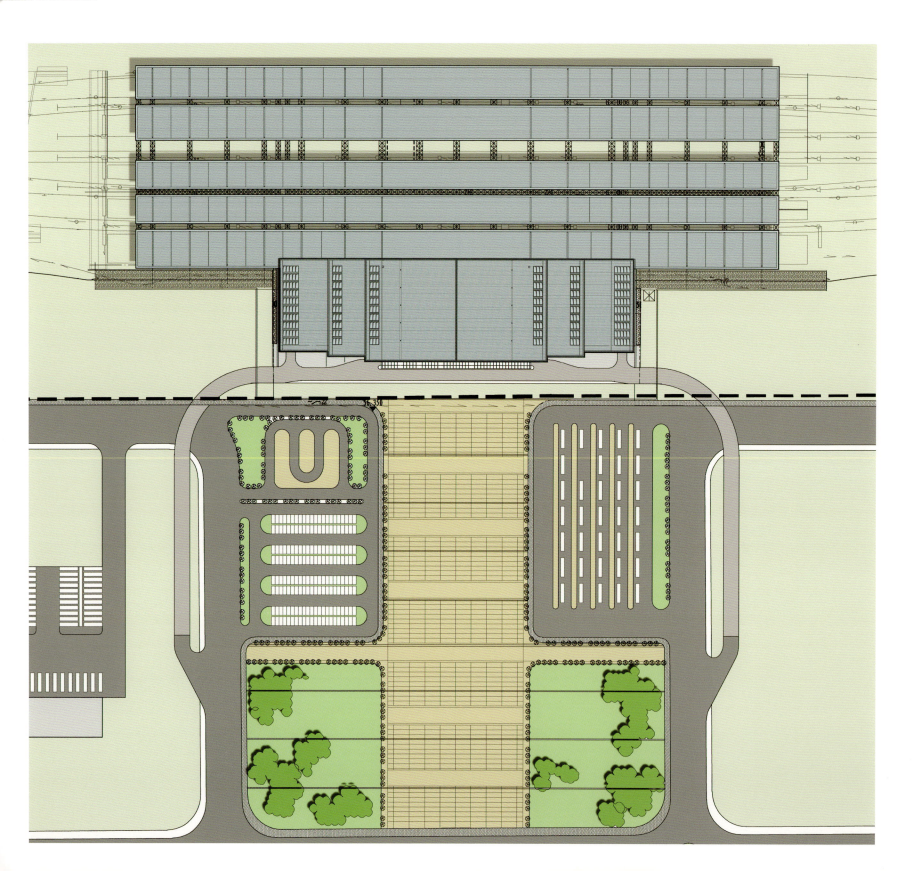

HENGYANGDONG
RAILWAY STATION

176 HENGYANGDONG RAILWAY STATION
衡阳东站设计方案

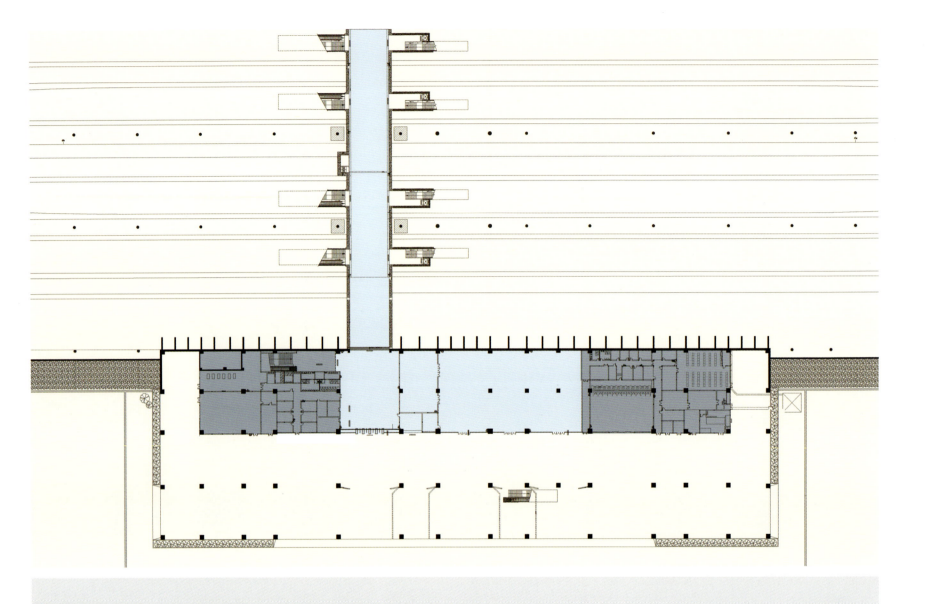

HENGYANGDONG
RAILWAY STATION

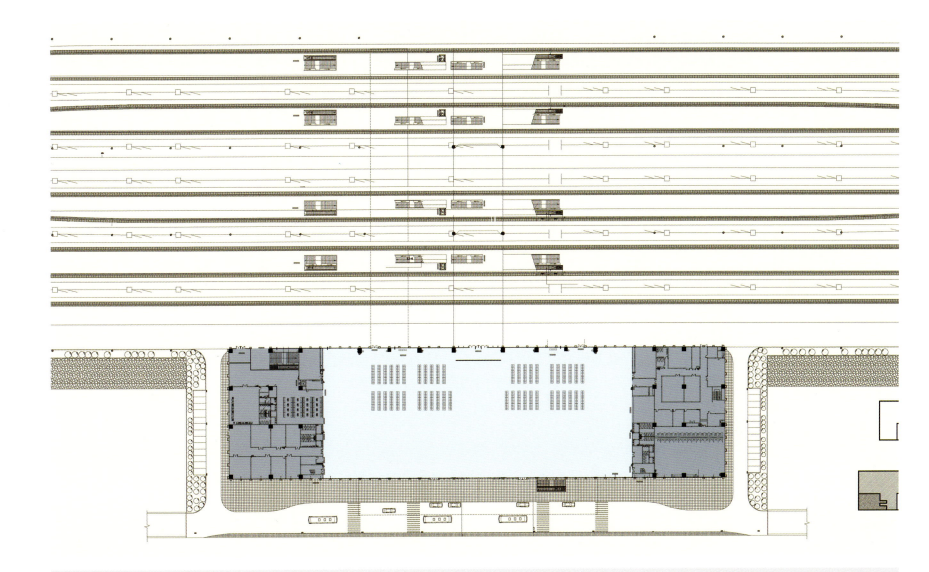

HENGYANGDONG
RAILWAY STATION

HENGYANGDONG
RAILWAY STATION
衡阳东站设计方案

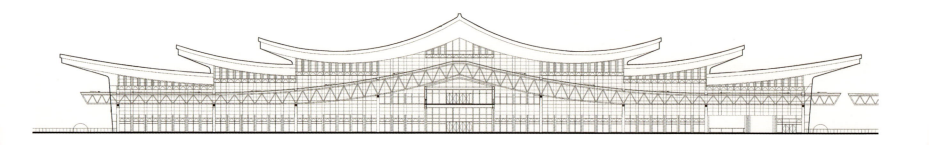

HENGYANGDONG
RAILWAY STATION
衡阳东站设计方案

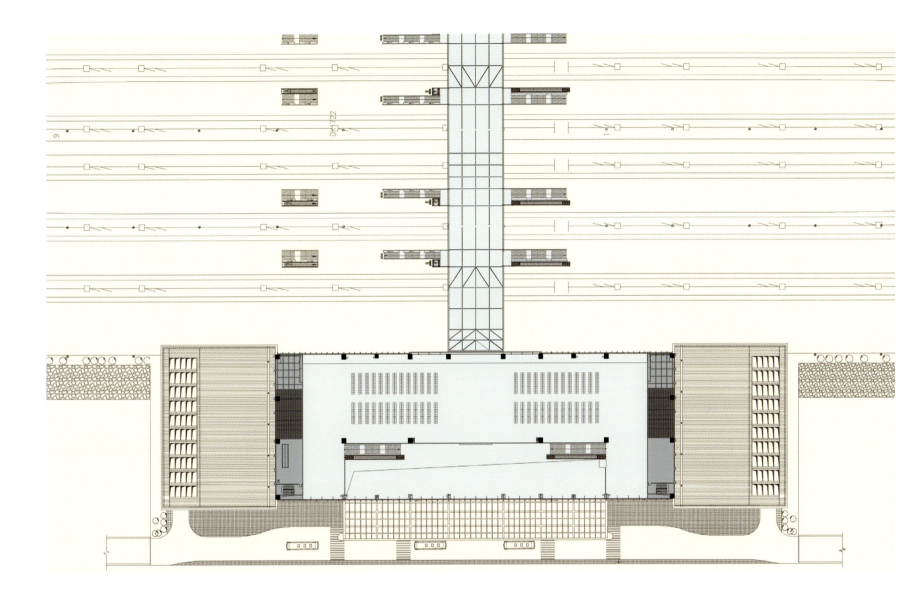
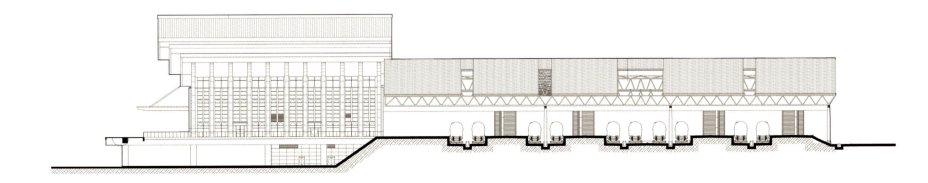

衡阳东站
HENGYANGDONG
RAILWAY STATION

华南理工大学建筑设计研究院

　　设计采用"雁"这个主题，采用一种抽象的"雁形"来表达衡阳这个独特的地域文化性，把站房、站台雨棚采用曲面的屋面覆盖结构，组成一个完整的序列。火车站建筑与站棚一体，并采用相同的造型和构图手法，塑造出舒展的站房造型。

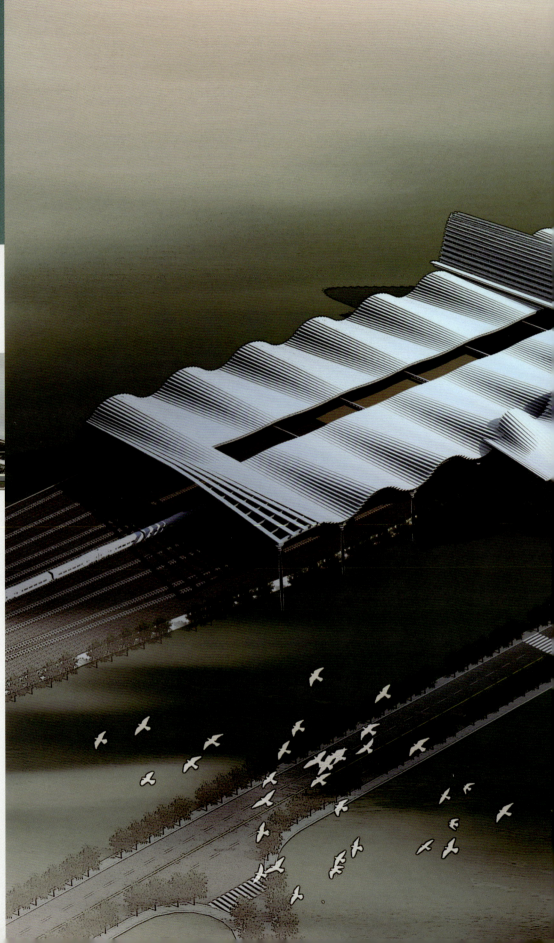

HENGYANGDONG
RAILWAY STATION
衡阳东站设计方案

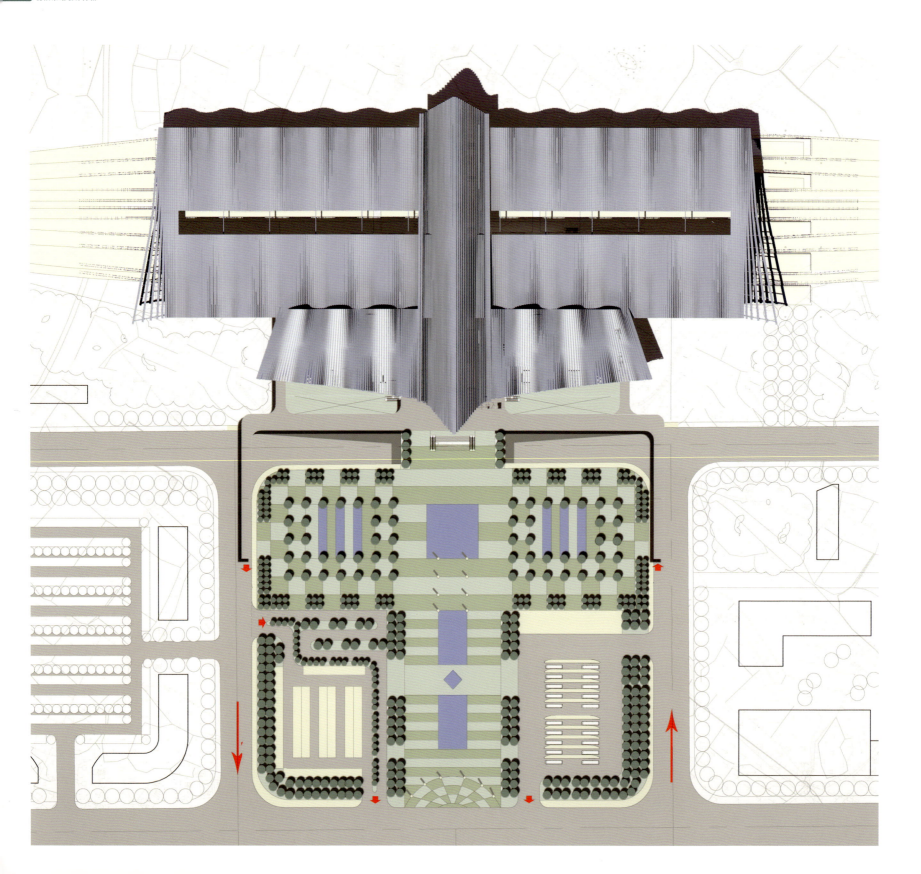

HENGYANGDONG
RAILWAY STATION
衡阳东站设计方案

HENGYANGDONG
RAILWAY STATION

衡阳东站
HENGYANGDONG
RAILWAY STATION

上海联创建筑设计有限公司
中铁工程设计院有限公司

　　设计构思立足点于"飞雁"。运用抽象的表达方式和现代的技术手段，把站房的屋顶设计成"雁形"，寓意"展翅腾飞"和"积极向上"。通过雁形屋顶的飞扬之势，既表达了对城市文化的尊重与延续，又体现了对传统建筑形态中飞檐的继承与发扬。同时，站台雨棚的形式也与站房相呼应，形似大雁翅膀；站房内部室内设计以飞雁为主题的浮雕、灯饰等；站前广场的景观设计也体现飞雁的主题。

HENGYANGDONG RAILWAY STATION
衡阳东站设计方案

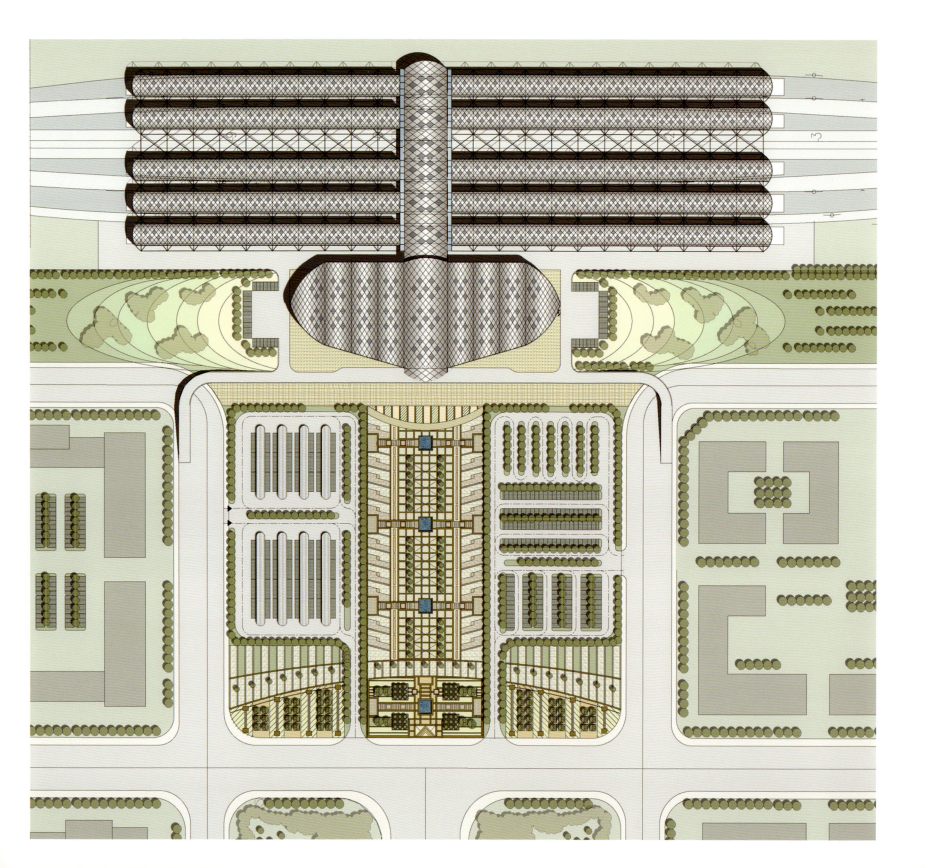

HENGYANGDONG
RAILWAY STATION
衡阳东站设计方案

衡阳东站
HENGYANGDONG
RAILWAY STATION

中国建筑科学研究院建筑设计院

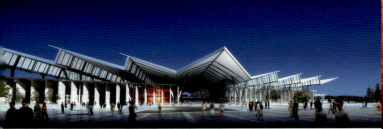

　　方案以"大雁展翅"为建筑形式语言的母题，并将其恰当地融入建筑空间和结构形式中。整个主体建筑屋顶由若干片联系在一起的钢结构骨架组成，远看犹如一对对展开的大雁翅膀，气势恢弘。

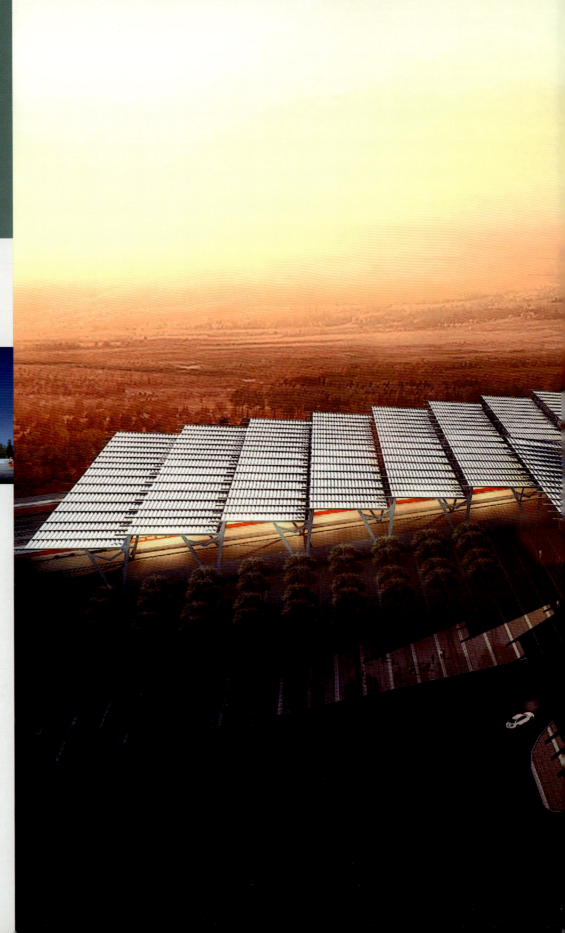

HENGYANGDONG
RAILWAY STATION
衡阳东站设计方案

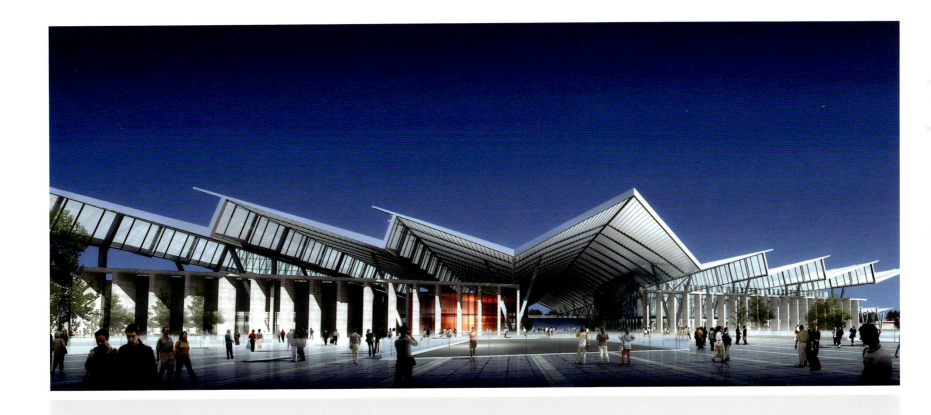

HENGYANGDONG
RAILWAY STATION

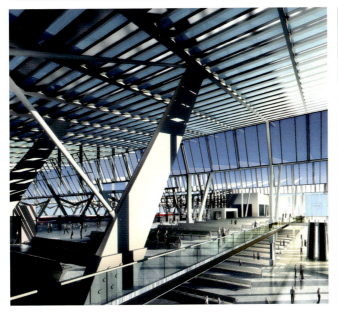

衡阳东站
HENGYANGDONG
RAILWAY STATION

中铁建柳州勘察设计院

　　设计理念以"鸿雁展翅、雁城崛起"为主旨，着重体现城市的地域性特征，并寓意今日之衡阳蓬勃向上、一飞冲天的勃勃生机。通过动感的雕塑性形体，为城市塑造生机勃勃的都市生活提供强有力的建筑元素。整个屋顶取意雁之双翅，简洁、大气，与站台雨棚顶一气呵成。挑檐上的片片构件与立面上格栅的处理，恰似雁之羽毛，一片一片，为新站房注入了无限生机。

HENGYANGDONG
RAILWAY STATION
衡阳东站设计方案

HENGYANGDONG
RAILWAY STATION

耒阳西站
LEIYANGXI RAILWAY STATION

中南建筑设计院

中国建筑科学研究院建筑设计院

华南理工大学建筑设计研究院

中铁建柳州勘察设计院

上海联创建筑设计有限公司
中铁工程设计院有限公司

项目背景简介

耒阳西站位于耒阳市西侧约3.5km，107国道以西、320省道以北的陈家村，与主城区联系方便。该站规模为2站台面4线（含2条正线），站房建筑面积约6000m²。

耒阳西站
LEIYANGXI
RAILWAY STATION

中南建筑设计院

　　耒阳历史文化底蕴丰厚，自然环境怡人。方案从悠久的历史积淀与自然环境之中提炼出建筑符号语言，融入现代铁路站房建筑造型之中。耒阳是"纸圣"蔡伦的故乡，"纸"是创意的切入点。站房设计着力以精致取胜，轻盈的屋顶犹如一张飘逸的白纸，立面的柱子则寓意一根根挺拔的"竹"。"纸"和"竹"的演绎，既诠释了耒阳的渊源，又将当代耒阳的崭新面貌呈现在世人面前。

200 | LEIYANGXI RAILWAY STATION
耒阳西站设计方案

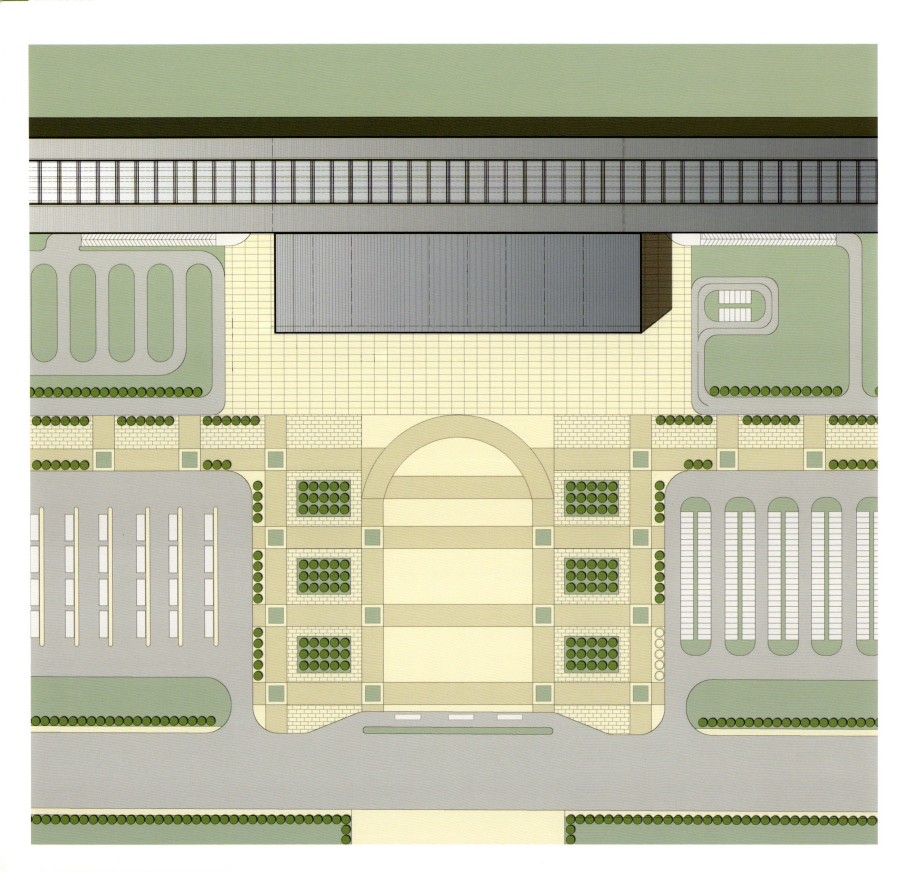

LEIYANGXI
RAILWAY STATION

LEIYANGXI RAILWAY STATION
耒阳西站设计方案

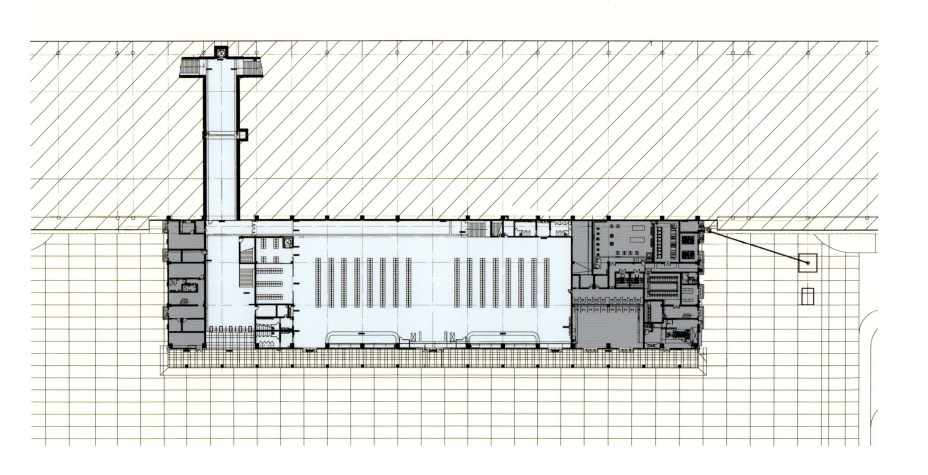

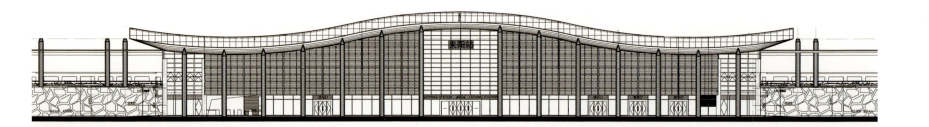

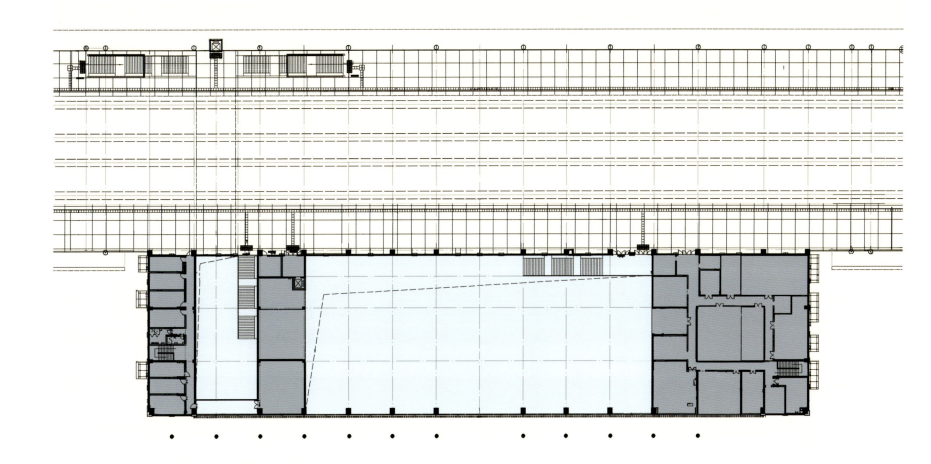
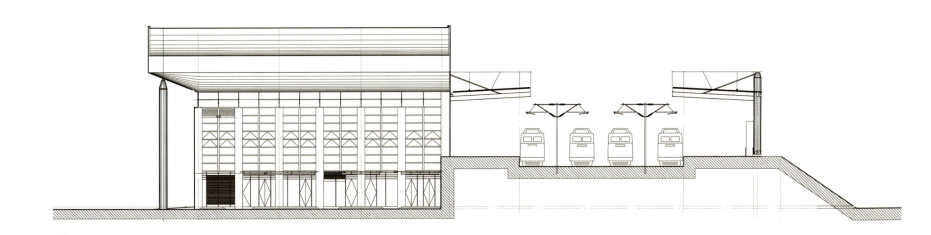

耒阳西站
LEIYANGXI RAILWAY STATION

中国建筑科学研究院建筑设计院

　　方案将铁路线和站房联想成为"耒"字，站房与农耕用具"耒耜"的造型相呼应，作为设计的主题。结合南方的气候特点，进、出站厅及自由通道均设计为开敞式空间，可有效沟通站台与广场，且利于环保节能。室内外空间的相互交融，不同空间之间丰富的视觉关系，创造出独具地方韵味的城市空间品质。建筑周围的柱廊，乍看之下仿佛一道竹帘，翠竹万竿，摇曳生姿，清风自引，光影交织之美油然而生。温婉柔和的渐进式过渡，打破了城市空间与建筑空间疏远的硬性分割，空间的连贯抹去了建筑内外的界限，消除了内外空间的隔阂，构成人们对这一方温润水土的第一印象。

LEIYANGXI
RAILWAY STATION
耒阳西站设计方案

耒阳西站
LEIYANGXI
RAILWAY STATION

华南理工大学建筑设计研究院

以折纸的形式体现"纸"的概念，贯穿到整个建筑设计过程之中，同时用代表耒阳农耕文化的"耒耜"提炼出造型元素，再结合空间桁架等大跨度的先进结构和钢、玻璃等现代材料，从而一方面体现出耒阳悠久的传统文化，另一方面又展现耒阳现代化的美好发展未来。站房和站台雨棚都采用体现"折纸"概念的空间桁架结构，力求站房和雨棚在构图、建筑轮廓、体量对比、视线和色彩等方面相互协调，使得雨棚的外部形象与站房相互呼应，达到浑然天成的整体效果。

LEIYANGXI RAILWAY STATION
耒阳西站设计方案

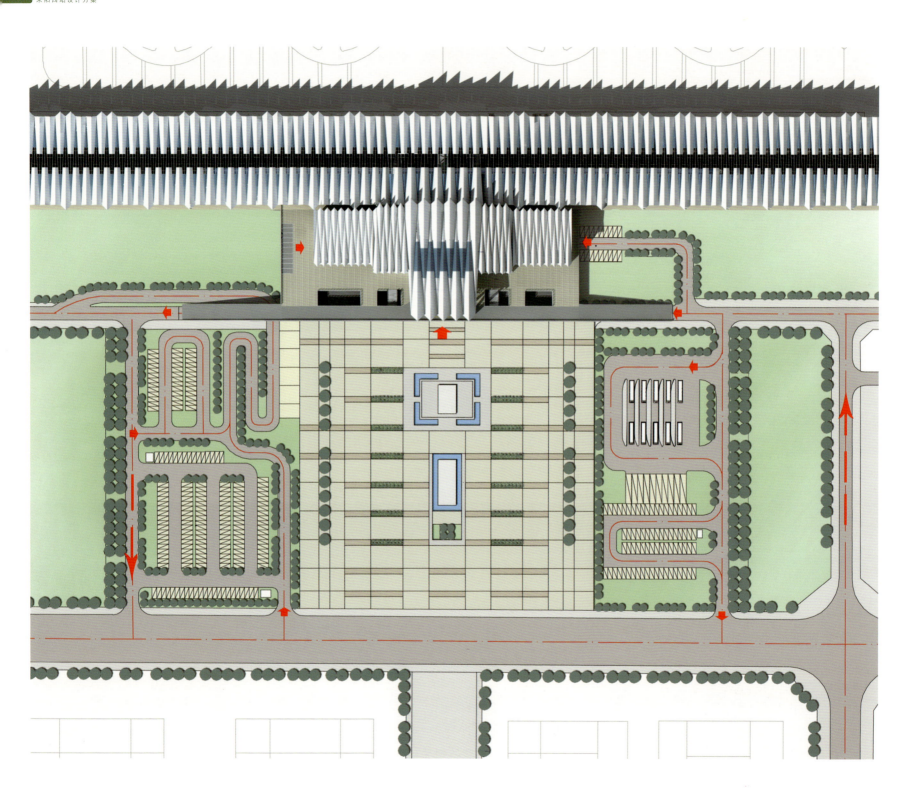

LEIYANGXI
RAILWAY STATION
耒阳西站设计方案

213

耒阳西站
LEIYANGXI
RAILWAY STATION

中铁建柳州勘察设计院

　　对"耒耜"的抽象与概括形成了本方案的外观形象。建筑立面结合功能，以抽象的"耒耜"形成有韵律的重复变化，在立面上高低错落，主次分明，浑然一体，形成对称的建筑形体。整个建筑以厚重的暖色石材装饰，外形庄重、大气、简洁，体现了耒阳深厚的文化底蕴和现代风貌。耒阳是中国造纸文明的发祥地，也是造纸术发明家蔡伦的诞生地。建筑立面局部以造纸工具木架为点缀，使整个建筑虚实结合，在庄重中透着活泼，更增添了古城的韵味，具有鲜明的地域特色和文化传承。

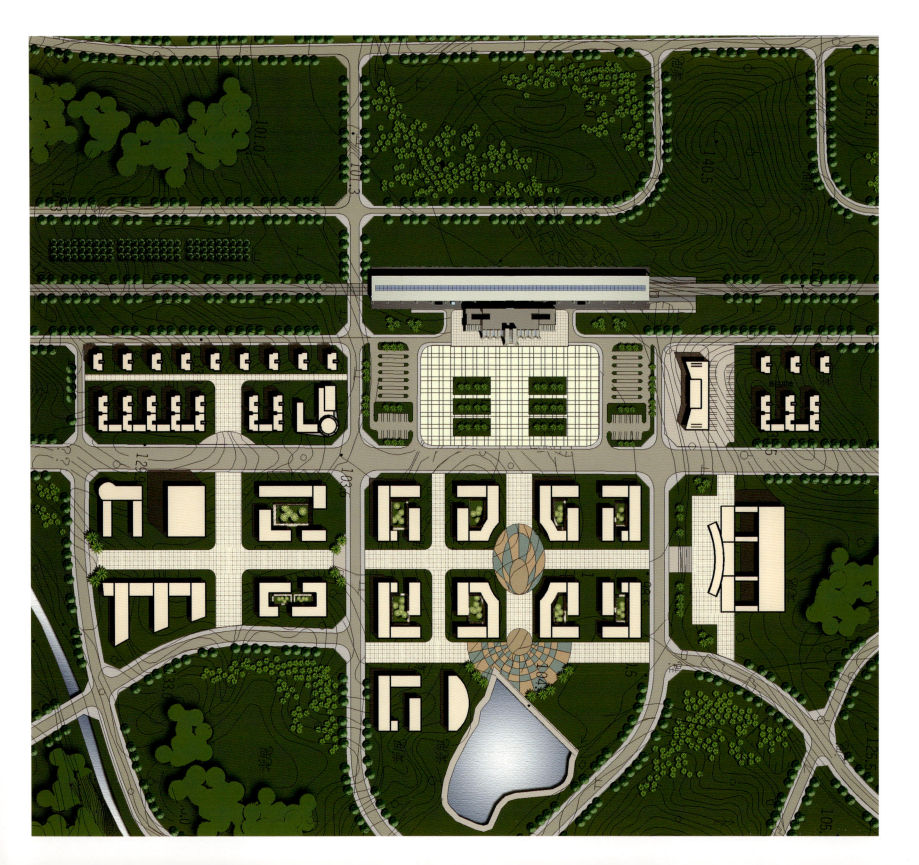

LEIYANGXI
RAILWAY STATION

耒阳西站
LEIYANGXI RAILWAY STATION

上海联创建筑设计有限公司
中铁工程设计院有限公司

建筑主体形式的灵感来自于耒阳富有特色的地域文化特征，由当地历史文化中抽取出"纸"、"耒"的元素，并将其作为设计概念。采用简洁又不失气魄、宏伟又不失实用的建筑造型。呈折纸状的屋顶，既是纸的抽象，体现了纸的可塑性，还很好地解决了站房的采光、通风、排气和降噪等功能问题，真正实现了造型与使用功能、结构构造的完美统一。

从"耒"抽象而来的"耒"型结构成为方案中主要的支撑结构。既是建筑元素的恰当运用，又蕴含着农耕文化在耒阳的重要地位。同时，"耒"型结构给人以积极向上的视觉冲击。

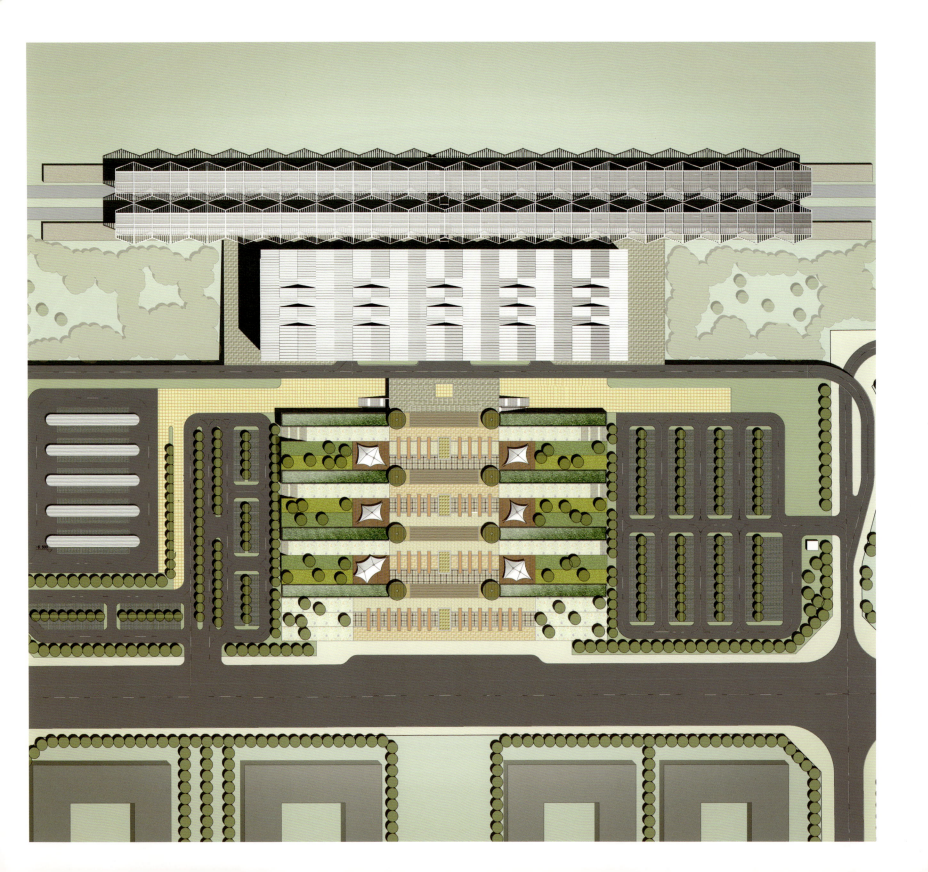

LEIYANGXI RAILWAY STATION
耒阳西站设计方案

郴州西站
CHENZHOUXI
RAILWAY STATION

上海联创建筑设计有限公司
中铁工程设计院有限公司

中南建筑设计院

铁道第四勘察设计院广州设计院

中铁二院工程集团有限责任公司
西南交通大学建筑勘察设计研究院

中铁工程设计咨询集团有限公司

项目背景简介

　　郴州西站位于既有京广铁路与郴桂二级公路交叉处往南，市开发区科技工业园西南方，北湖区万华岩镇增湖村地段。车站沿增湖岭的坡脚布置，站前处于仙岭水库的下游。该站规模为4站台面6线（含2条正线），站房建筑面积约12000m²。

郴州西站
CHENZHOUXI RAILWAY STATION

上海联创建筑设计有限公司
中铁工程设计院有限公司

　　方案尊重郴州自秦建邑的悠久历史，其建筑意象取自秦汉时期的建筑特点，用硬朗的线条、简洁的造型营造出建筑恢宏的体态。站房造型采用四坡顶的形式，充分考虑了屋面排水和积雪对屋面的影响，同时与站房后的山体遥相呼应，与周围环境相互融合。建筑设计同时考虑了地域特点，正立面设有柱廊，屋檐出挑深远，符合南方的气候特征，满足对建筑遮阳的需求。造型上运用现代的材料和手法，用石材、钢、玻璃幕墙塑造出一座极具时代气息的建筑。玻璃幕墙体现了交通建筑通透、现代的特点，石材的运用又使建筑具有体量感，不失稳重和大气。

CHENZHOUXI
RAILWAY STATION
郴州西站设计方案

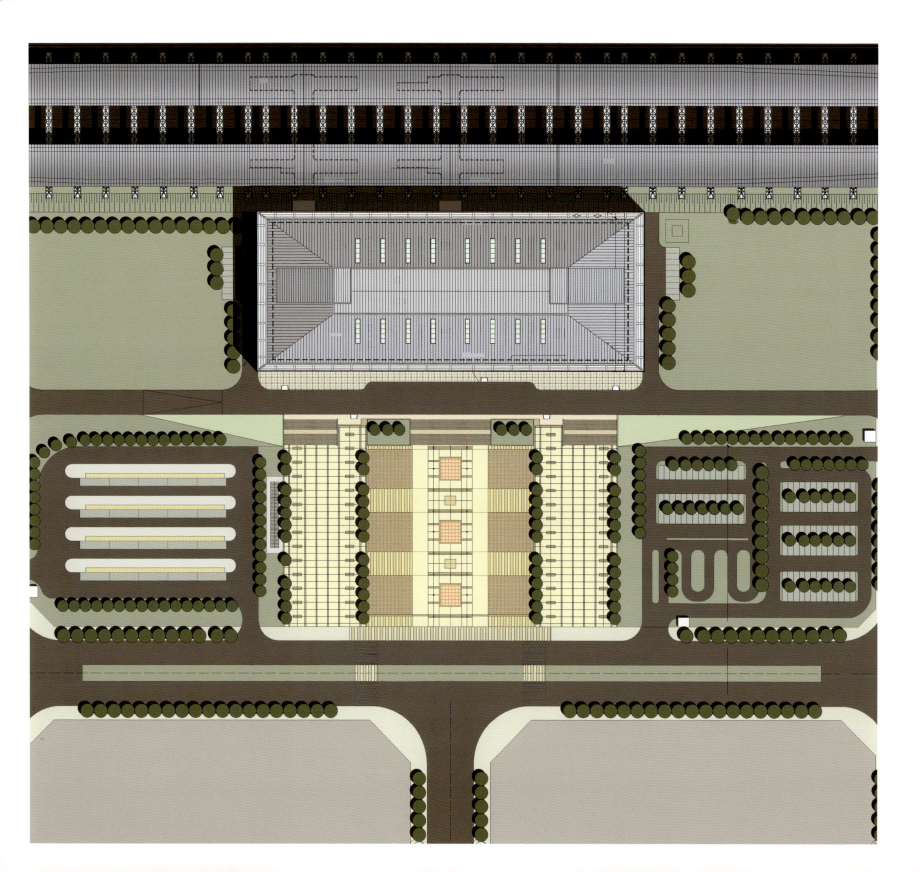

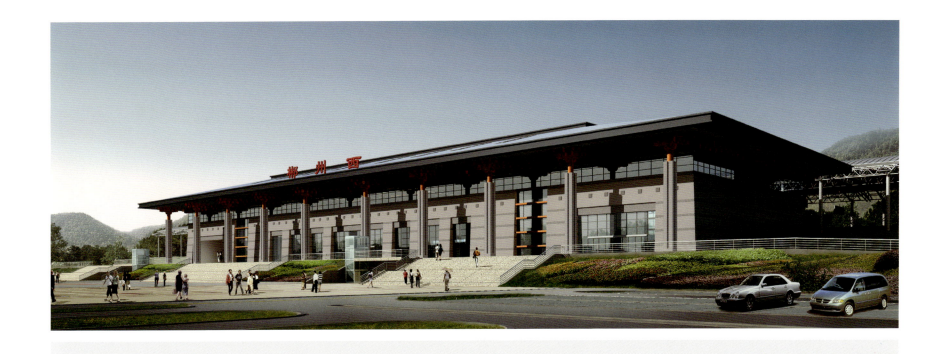

CHENZHOUXI
RAILWAY STATION

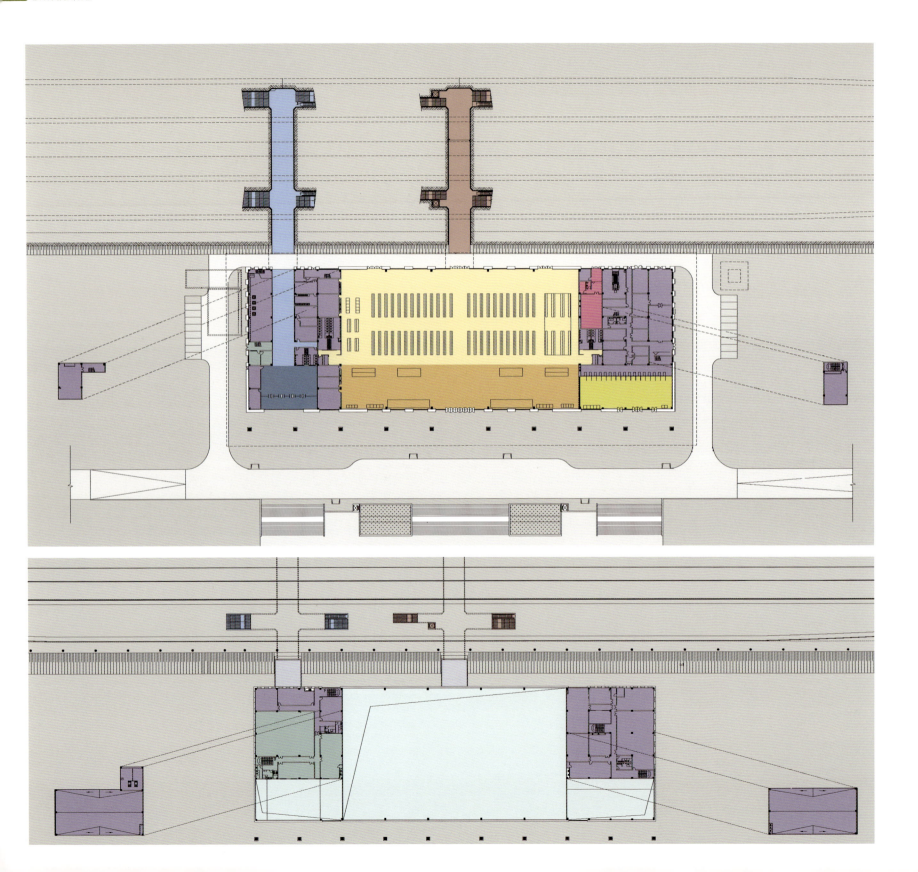

CHENZHOUXI RAILWAY STATION
郴州西站设计方案

231

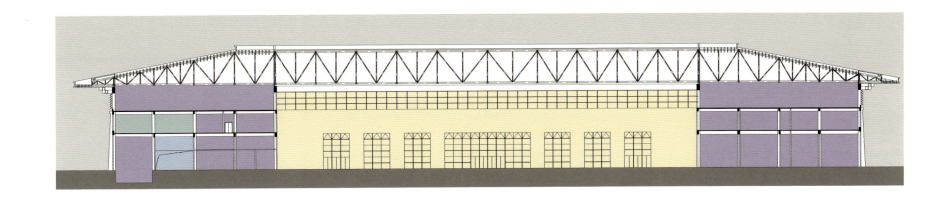

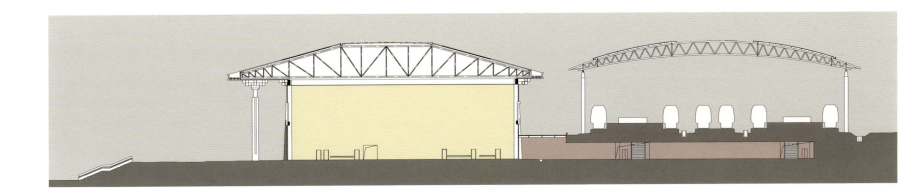

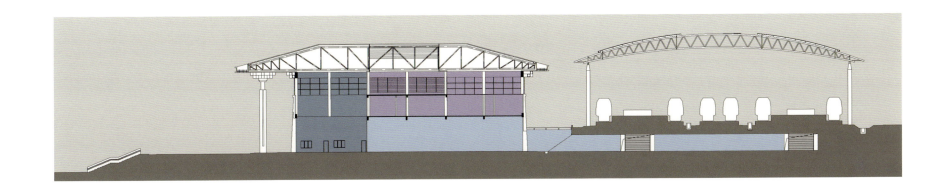

郴州西站
CHENZHOUXI
RAILWAY STATION

中南建筑设计院

　　方案从中国传统建筑中的木窗格中提炼出"回"字形建筑元素，将其用于建筑造型中，力求表现出简洁、现代而又不失传统韵味的外形效果。外立面以"回"字形元素为主要构成，配以竖向的幕墙分隔，整个建筑造型整洁而富有力度感，室内视觉通透，光线充足。

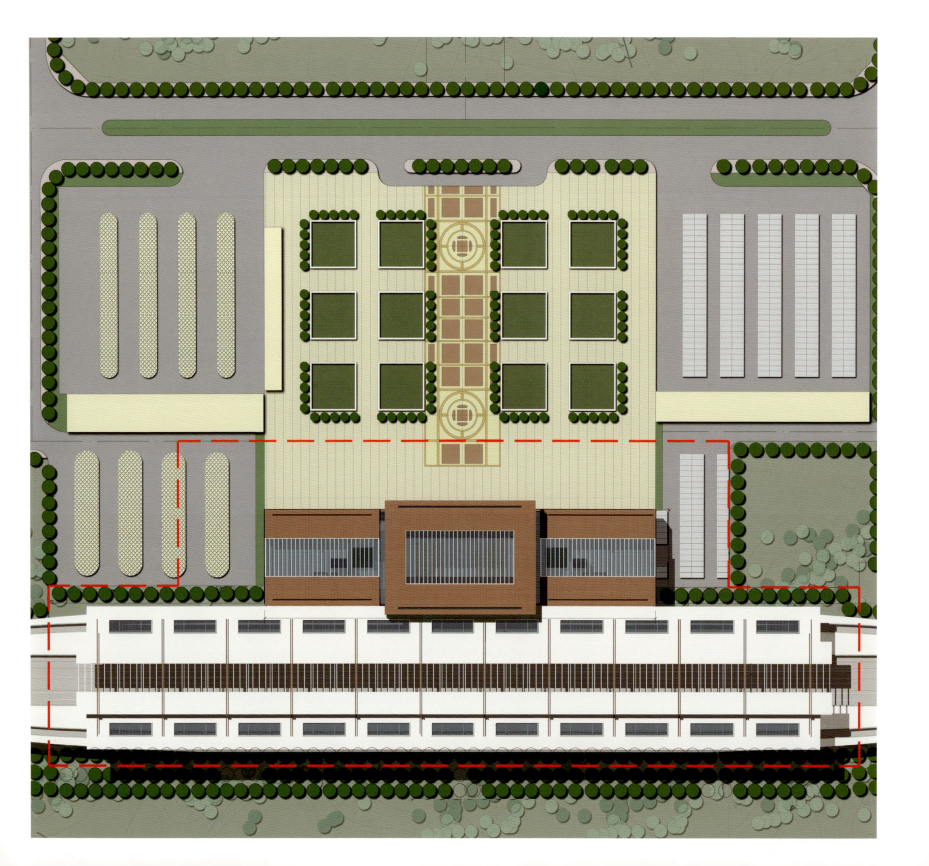

CHENZHOUXI
RAILWAY STATION

郴州西站
CHENZHOUXI RAILWAY STATION

铁道第四勘察设计院广州设计院

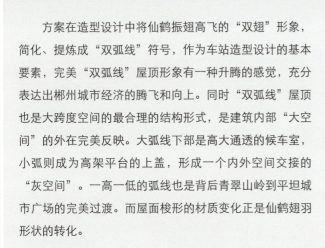

方案在造型设计中将仙鹤振翅高飞的"双翅"形象，简化、提炼成"双弧线"符号，作为车站造型设计的基本要素，完美"双弧线"屋顶形象有一种升腾的感觉，充分表达出郴州城市经济的腾飞和向上。同时"双弧线"屋顶也是大跨度空间的最合理的结构形式，是建筑内部"大空间"的外在完美反映。大弧线下部是高大通透的候车室，小弧则成为高架平台的上盖，形成一个内外空间交接的"灰空间"。一高一低的弧线也是背后青翠山岭到平坦城市广场的完美过渡。而屋面梭形的材质变化正是仙鹤翅羽形状的转化。

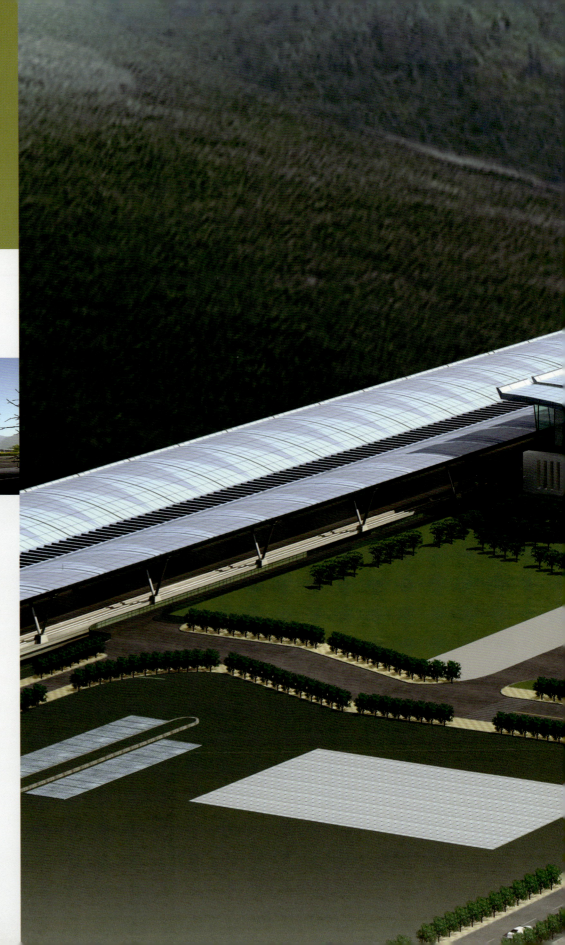

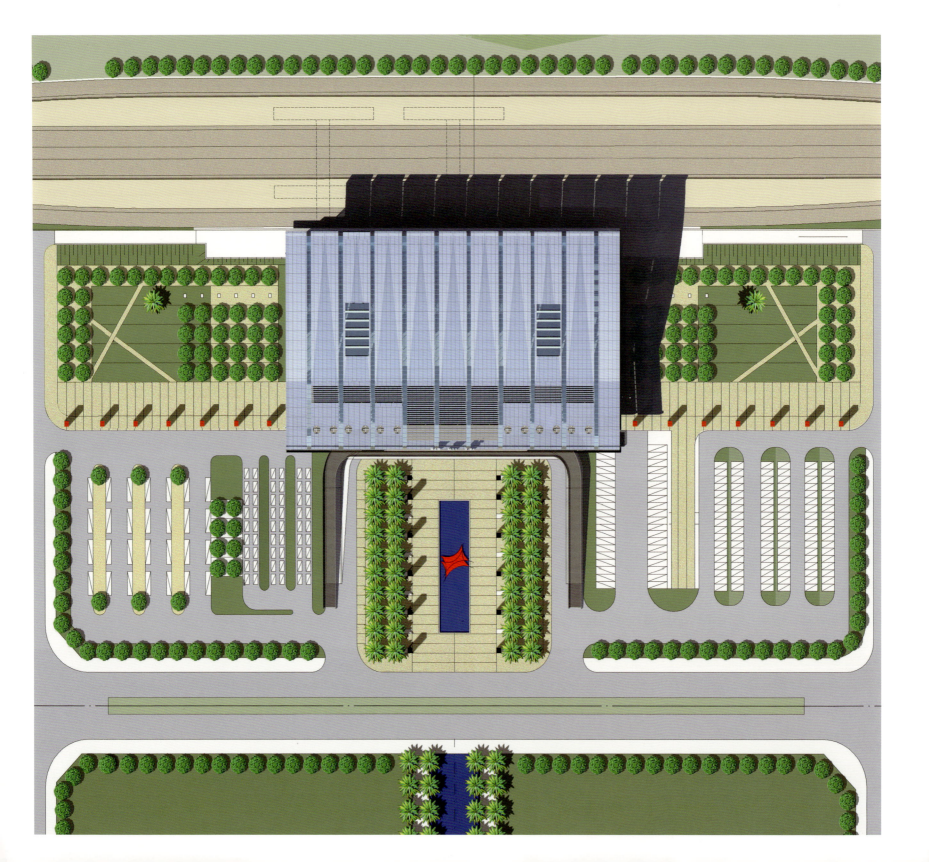

CHENZHOUXI RAILWAY STATION
郴州西站设计方案

郴州西站
CHENZHOUXI RAILWAY STATION

中铁二院工程集团有限责任公司
西南交通大学建筑勘察设计研究院

　　方案在建筑风格设计中重点挖掘郴州特有的自然与文化内涵，以神带形，神形兼备。利用建筑与景观要素的结合，在建筑学层面表达郴州的悠久历史和自然景观："郴"字最早见于秦代典籍，意思是"林中的城邑"——建筑主体隐喻"城邑"，景观树阵隐喻"茂林"；建筑空间、形象的划分对比，表达对当地人文传统的追忆：千古名篇——北宋秦观《踏莎行·郴州旅舍》名句"郴江幸自绕郴山，为谁流下潇湘去"的诗意再现——以线型空间象征郴江，以团状大空间象征郴山。

242 CHENZHOUXI
RAILWAY STATION
郴州西站设计方案

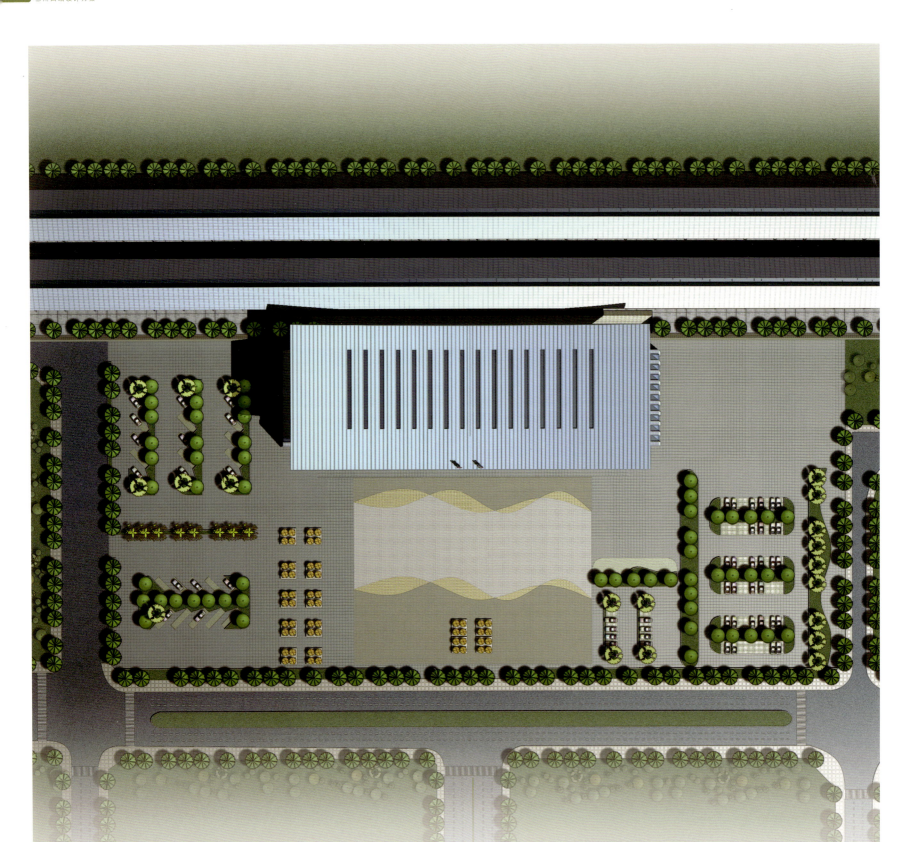

CHENZHOUXI
RAILWAY STATION

郴州西站
CHENZHOUXI
RAILWAY STATION

中铁工程设计咨询集团有限公司

方案从"林"的抽象概念入手，利用现代的钢结构形式，体现出林木葱郁的形态意向。主站房正立面挑棚的支撑柱和大面积幕墙墙面向前倾斜一定的角度，形成蓄势待发的形态，体现出现代交通建筑高效、快速的特点。柱上部的支撑杆件形成连续的曲面，如同林阴一片。站房主要结构柱和站台雨棚立柱采用格构式钢柱，其造型均由树木生长的姿态衍生而出，契合"林"的设计主题。郴州市内著名的风景区苏仙岭，因其美妙的神话传说，有"天下第十八福地"的美称。主站房的正立面入口和室内设计中，适当地运用了简化的福寿图形符号，既具有传统的风格，又寓意"天下福地"。

CHENZHOUXI
RAILWAY STATION
郴州西站设计方案

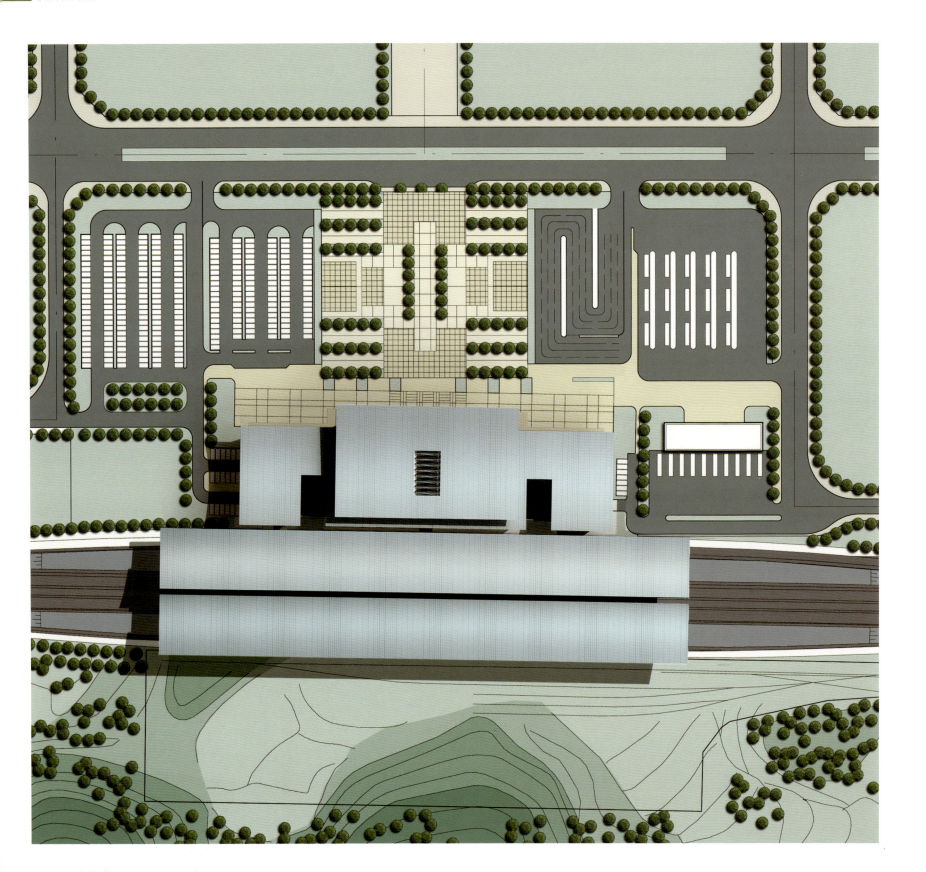

CHENZHOUXI
RAILWAY STATION

韶关站
SHAOGUAN
RAILWAY STATION

上海联创建筑设计有限公司
中铁工程设计院有限公司

铁道第四勘察设计院广州设计院

中南建筑设计院

中铁工程设计咨询集团有限公司

中铁二院工程集团有限责任公司
西南交通大学建筑勘察设计研究院

项目背景简介

韶关站位于韶关市西联新区。该站规模为4站台面6线（含2条正线），站房建筑面积约16000m²。

韶关站
SHAOGUAN RAILWAY STATION

上海联创建筑设计有限公司
中铁工程设计院有限公司

古代关驿的城门形象是方案正立面的构思源泉，稳重端庄，大气磅礴，具有醒目的标志性，给人以安定感。站房立面上的墙体表面使用韶关当地生产的红色石材，象征着丹霞山的峻秀形象，表达出无须雕饰的自然美。韶关是山水名城，对韶关青山绿水的形态进行抽象，形成站房正立面石材墙体与通透玻璃的虚实对比关系，使建筑富有浪漫的山水情怀。韶关风采楼雄伟独特、气势磅礴，被誉为韶关的地标建筑，参照风采楼三重檐屋顶的形象，把站房的屋顶设计成三重叠涩的挑檐形态。

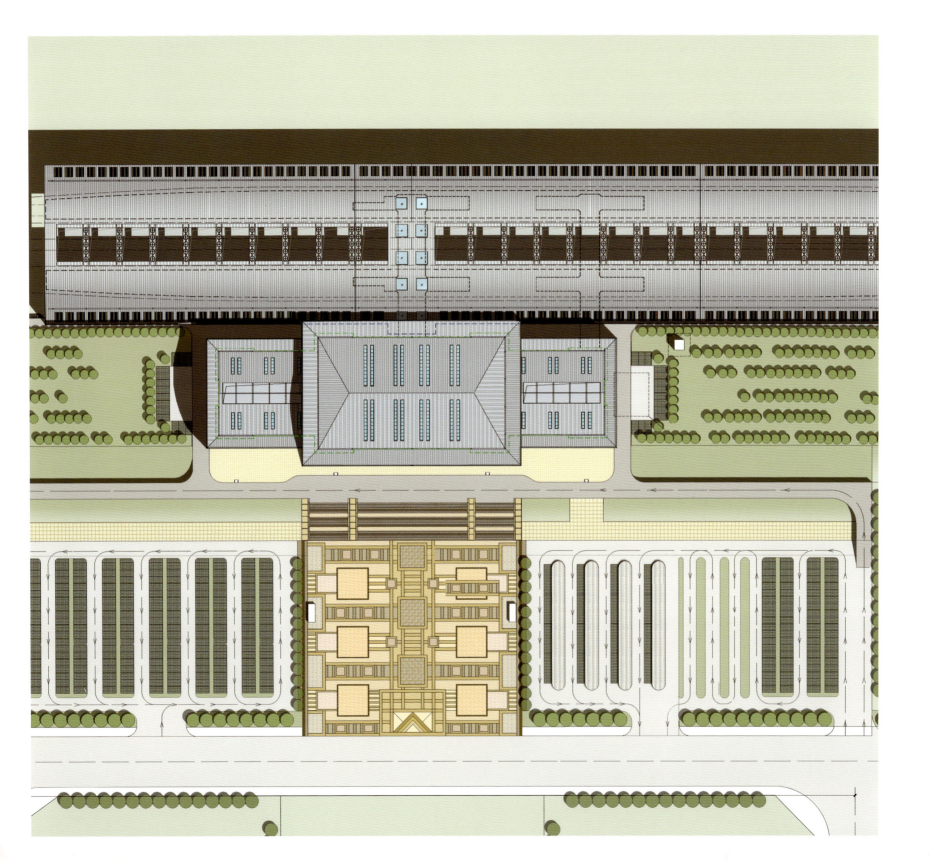

SHAOGUAN
RAILWAY STATION

SHAOGUAN RAILWAY STATION
韶关站设计方案

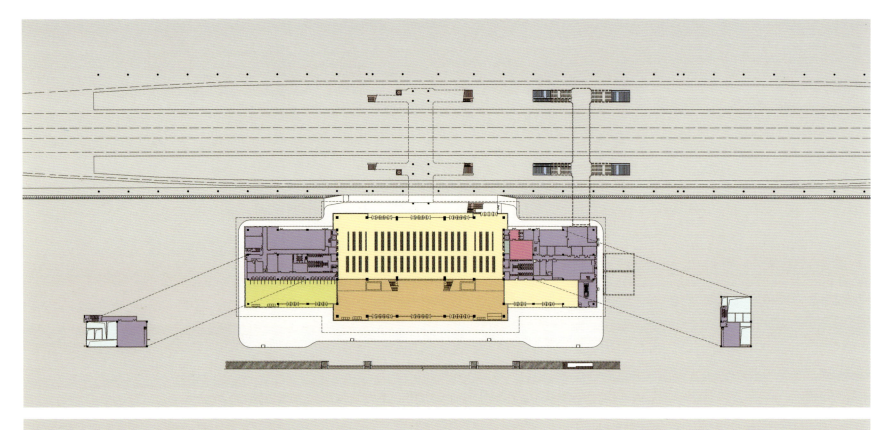

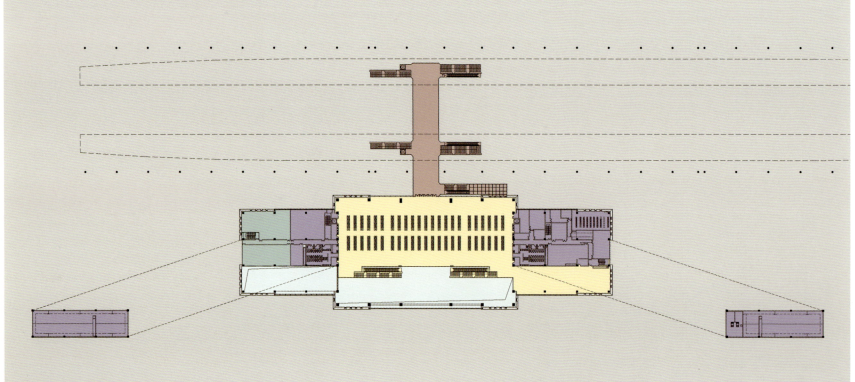

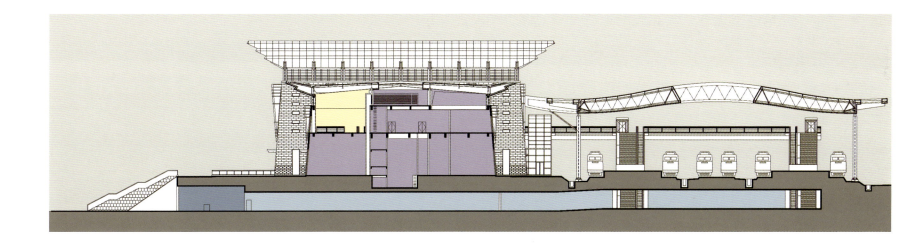

韶关站
SHAOGUAN RAILWAY STATION

铁道第四勘察设计院广州设计院

　　方案选择"水"作为建筑和城市联系的载体。将大跨度屋面做成弧形,采用银色的铝锰镁金属屋面系统结合局部的玻璃天窗,犹如阳光下水面的粼粼波光。高架旅客活动平台上屋盖从大屋面上升起,流畅的弧线一直落到景观广场的水池中,犹如飞泻的水幕银瀑一般,透过玻璃看到底部红色实体墙面,犹如水底的丹霞石,更有一种"清泉石上流"的感觉。

260 SHAOGUAN RAILWAY STATION
韶关站设计方案

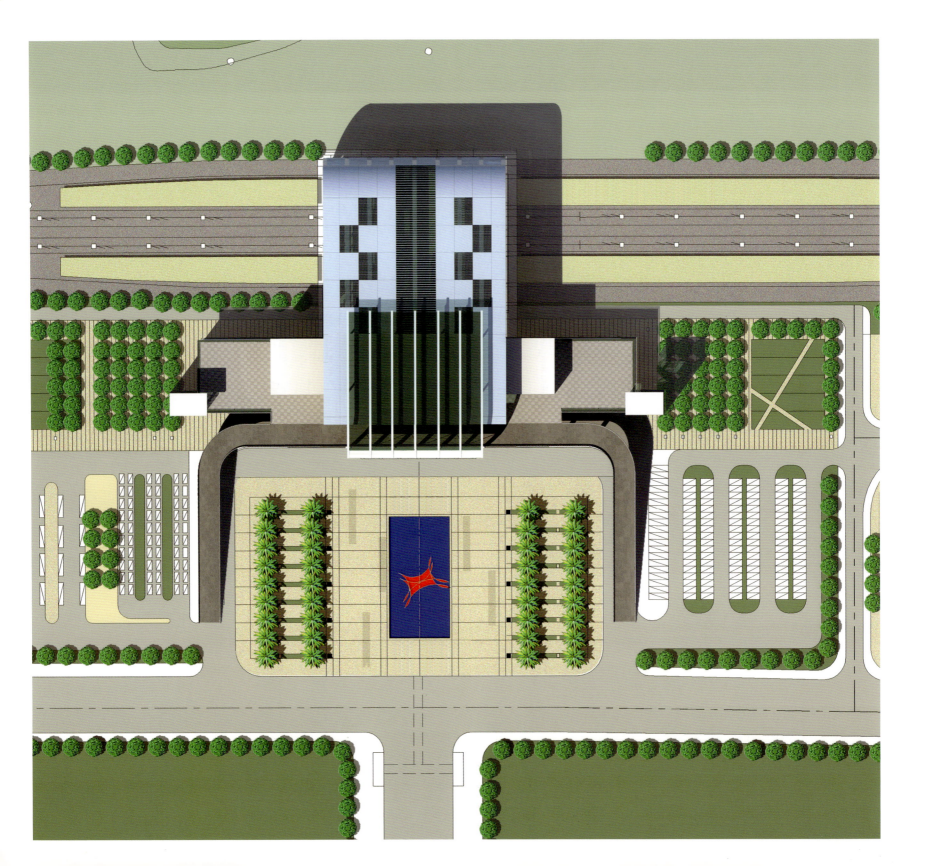

韶关站
SHAOGUAN RAILWAY STATION

中南建筑设计院

　　飞檐表现于站房屋顶两端，层层叠落，阳光透过每层檐口下端采光窗及屋顶虚实相间的顶窗洒落下来，光影婆娑，使人徜徉在光与影的世界中。屋顶飞檐的设计宛如展翅的飞鸟，翱翔于天空。

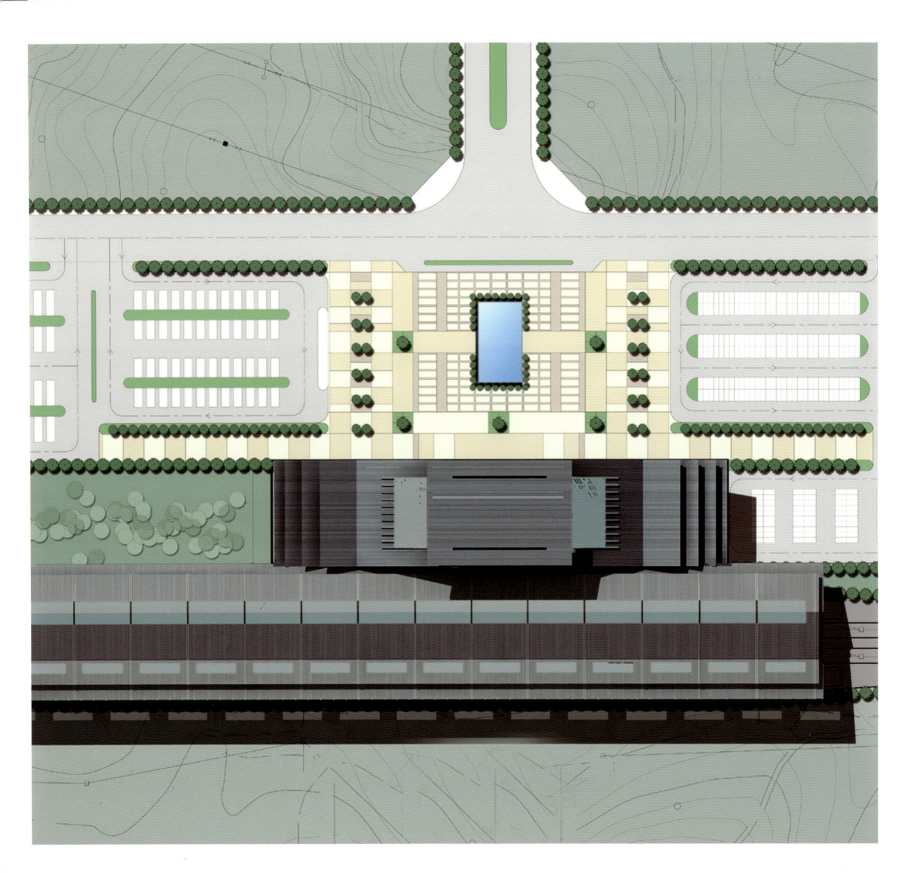

SHAOGUAN
RAILWAY STATION

韶关站
SHAOGUAN RAILWAY STATION

中铁工程设计咨询集团有限公司

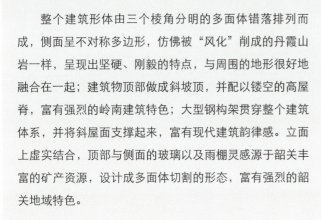

整个建筑形体由三个棱角分明的多面体错落排列而成，侧面呈不对称多边形，仿佛被"风化"削成的丹霞山岩一样，呈现出坚硬、刚毅的特点，与周围的地形很好地融合在一起；建筑物顶部做成斜坡顶，并配以镂空的高屋脊，富有强烈的岭南建筑特色；大型钢构架贯穿整个建筑体系，并将斜屋面支撑起来，富有现代建筑韵律感。立面上虚实结合，顶部与侧面的玻璃以及雨棚灵感源于韶关丰富的矿产资源，设计成多面体切割的形态，富有强烈的韶关地域特色。

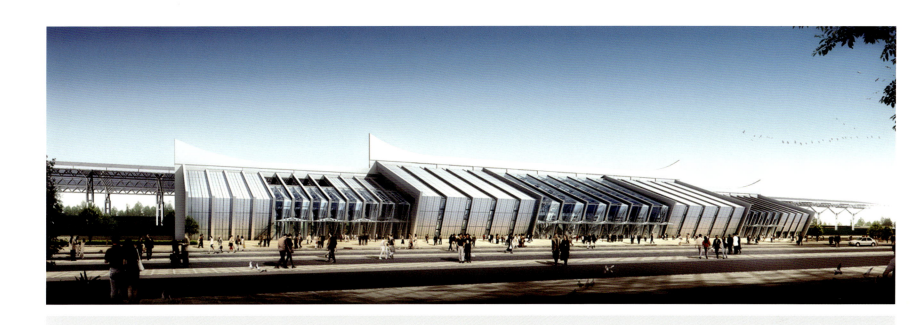

SHAOGUAN
RAILWAY STATION

韶关站
SHAOGUAN
RAILWAY STATION

中铁二院工程集团有限责任公司
西南交通大学建筑勘察设计研究院

方案在建筑风格设计中重点挖掘韶关特有的自然与文化内涵，以重塑当地人文传统及历史名城的形象为基调，同时"雄关"作为韶关重要的形象象征，所以以关口为主线，创造出一种稳重而前卫的姿态，从造型上折射出文化—历史—发展的脉络。体现雄关文化是设计的源泉与重心。

SHAOGUAN
RAILWAY STATION

清远站
QINGYUAN RAILWAY STATION

上海联创建筑设计有限公司
中铁工程设计院有限公司

中铁工程设计咨询集团有限公司

铁道第四勘察设计院广州设计院

中南建筑设计院

中铁二院工程集团有限责任公司
西南交通大学建筑勘察设计研究院

项目背景简介

　　清远站位于清远市区以东约5km处的洲心镇。该站规模为2站台面4线（含2条正线），站房建筑面积约10000m²。

清远站
QINGYUAN
RAILWAY STATION

上海联创建筑设计有限公司
中铁工程设计院有限公司

站房形态设计中，方案充分注重了对地域性与文化性的表达。建筑主体的形式灵感来源于站区周边环境、清远市城市意象以及岭南区域特征。主立面采用三段式构图方式，站房建筑沿东西向主轴线对称，整体大气端庄，立面处理细腻典雅。屋顶部分利用大跨度结构的厚度，结合站房前雨棚柱廊，自然形成类似于中国传统建筑重檐的意象。站房雨棚由八根方型装饰柱支撑，加强了主立面的水平向序列感，同时为站房主立面增添了一个"虚"的层次，与中国传统建筑中廊下的"灰空间"具有异曲同工之妙。中央主入口处玻璃幕墙上加设传统纹样遮阳隔栅，在解决西侧日晒的同时突出了站房主入口空间，增添了站房内丰富的光影变幻效果。站房建筑整体轻灵舒展，与清远市的城市意象相呼应。

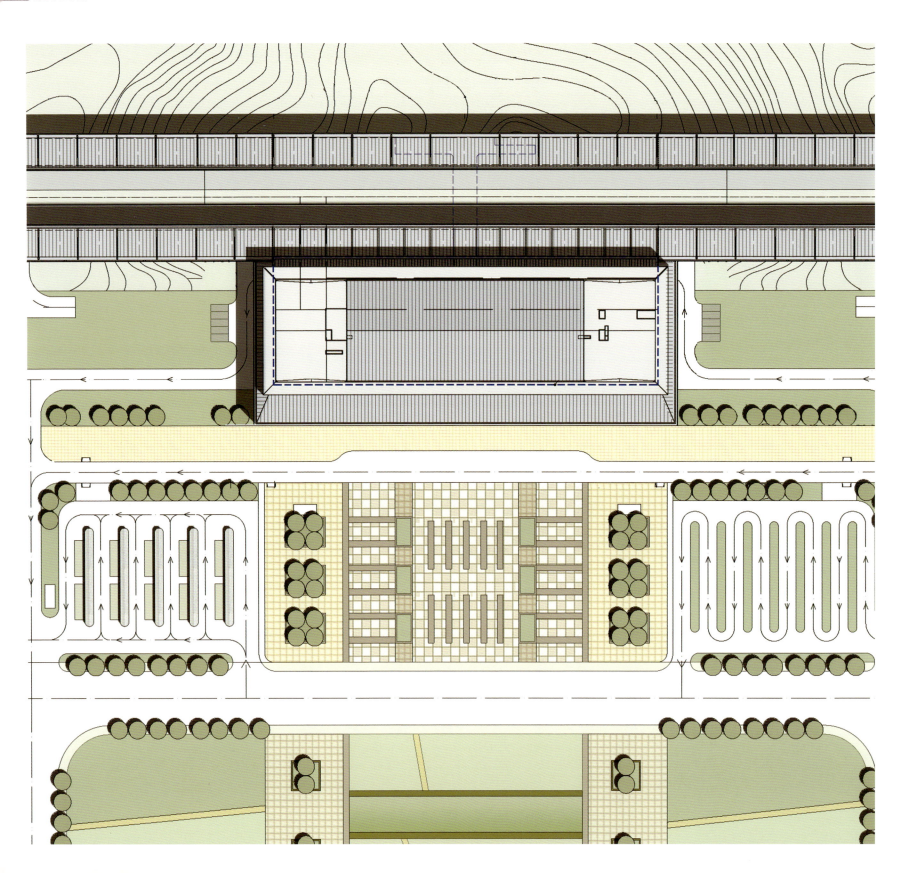

QINGYUAN
RAILWAY STATION

282 QINGYUAN RAILWAY STATION
清远站设计方案

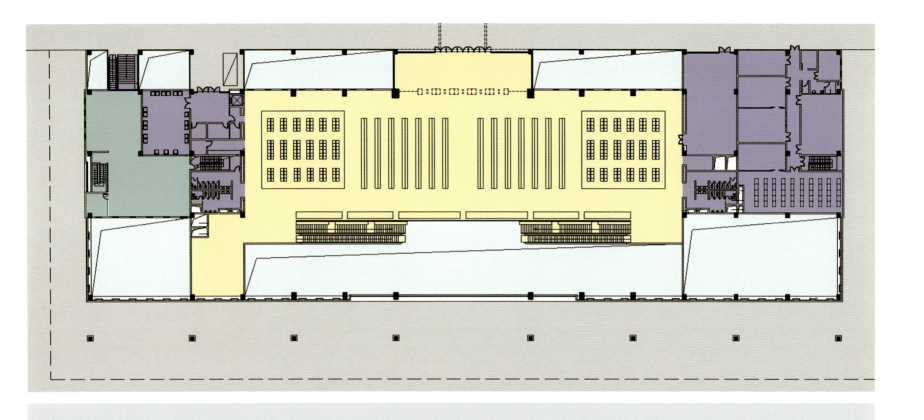

QINGYUAN
RAILWAY STATION

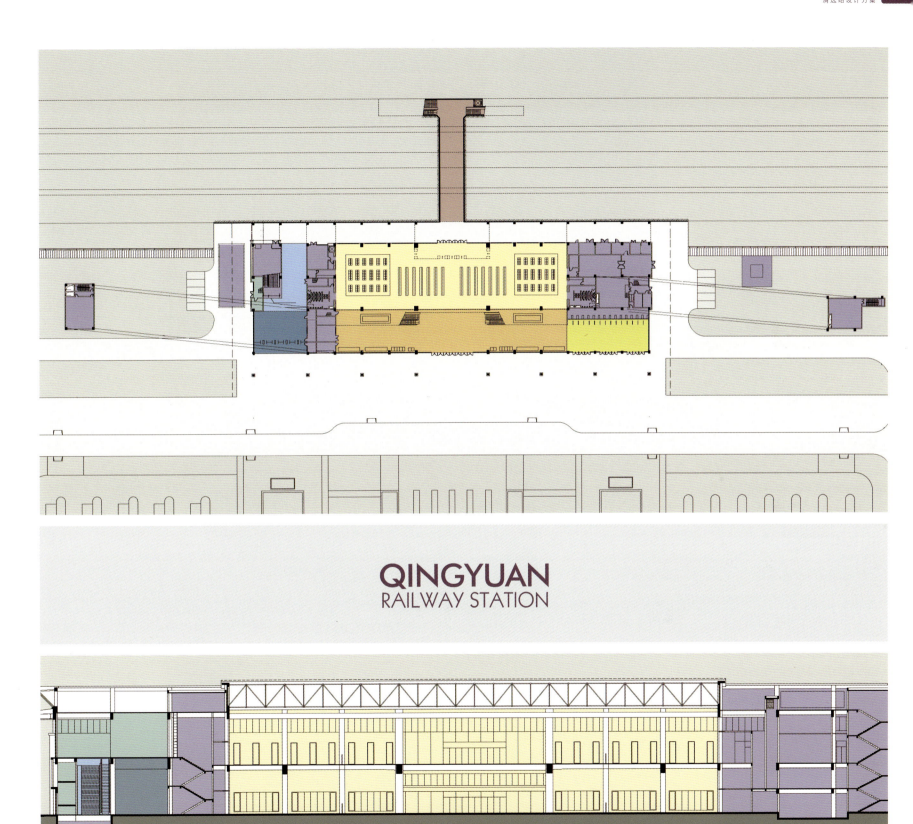

QINGYUAN
RAILWAY STATION

清远站
QINGYUAN
RAILWAY STATION

中铁工程设计咨询集团有限公司

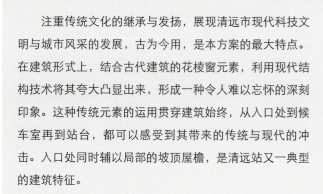

　　注重传统文化的继承与发扬，展现清远市现代科技文明与城市风采的发展，古为今用，是本方案的最大特点。在建筑形式上，结合古代建筑的花棱窗元素，利用现代结构技术将其夸大凸显出来，形成一种令人难以忘怀的深刻印象。这种传统元素的运用贯穿建筑始终，从入口处到候车室再到站台，都可以感受到其带来的传统与现代的冲击。入口处同时辅以局部的坡顶屋檐，是清远站又一典型的建筑特征。

QINGYUAN RAILWAY STATION
清远站设计方案

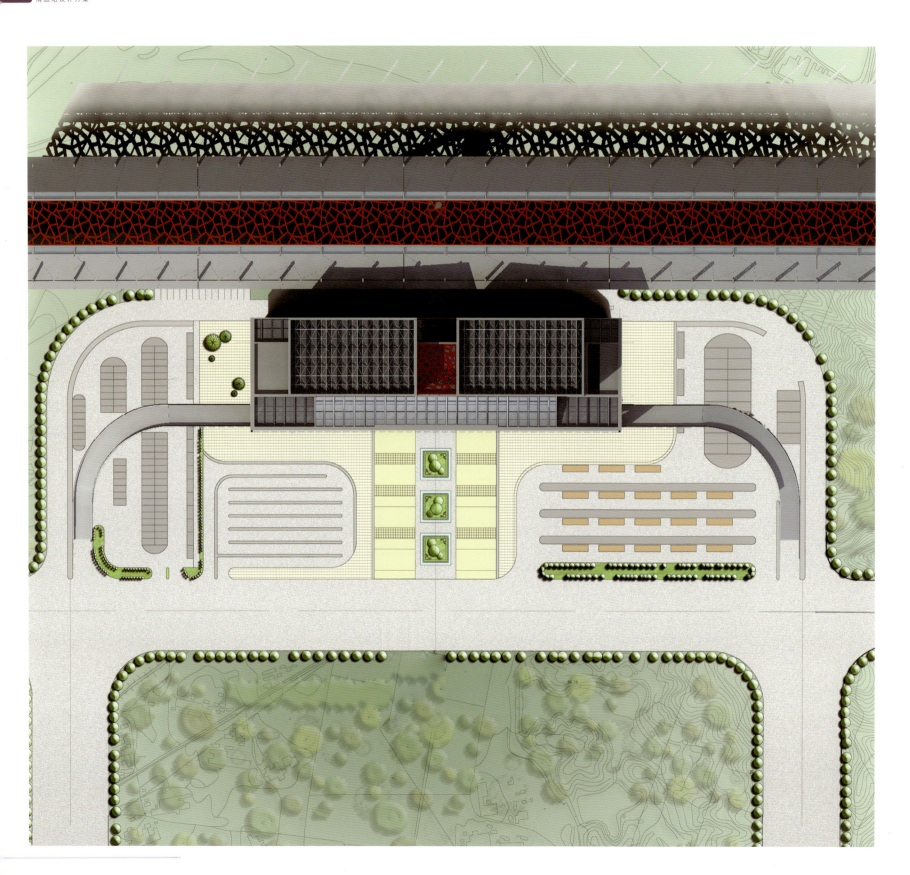

QINGYUAN
RAILWAY STATION

清远站
QINGYUAN
RAILWAY STATION

铁道第四勘察设计院广州设计院

　　清远古时又称"凤城"，有着很多关于凤鸟的传说。方案在造型中将凤鸟振翅高飞的"双翅"形象经过简化、提炼，作为车站造型设计的基本要素，对称的两组弧线向上翘起，犹如一只吉祥的银色凤鸟翩翩飞舞在清远的青山绿水之间。建筑屋顶向上的重檐形象有一种强烈的升腾向上的气势，充分表达出清远城市经济新的腾飞。

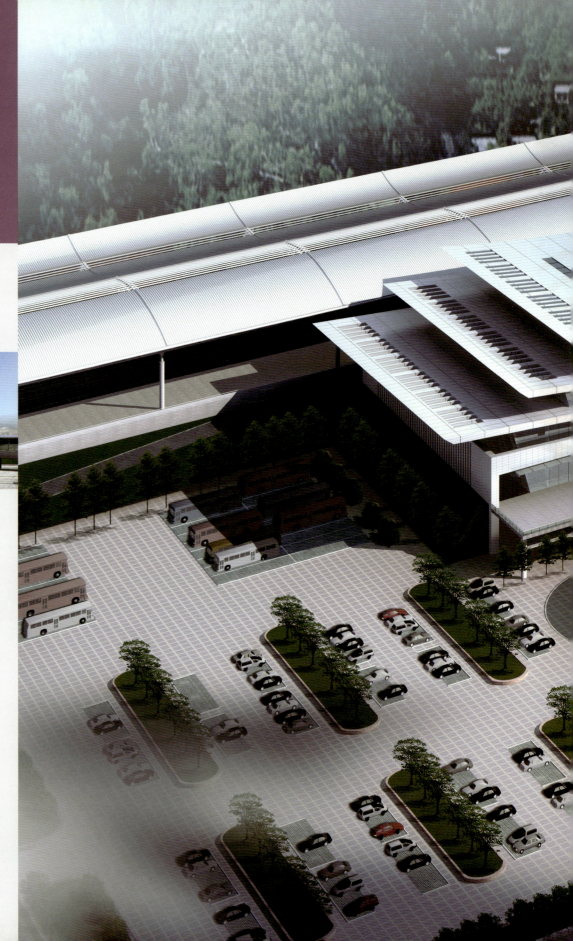

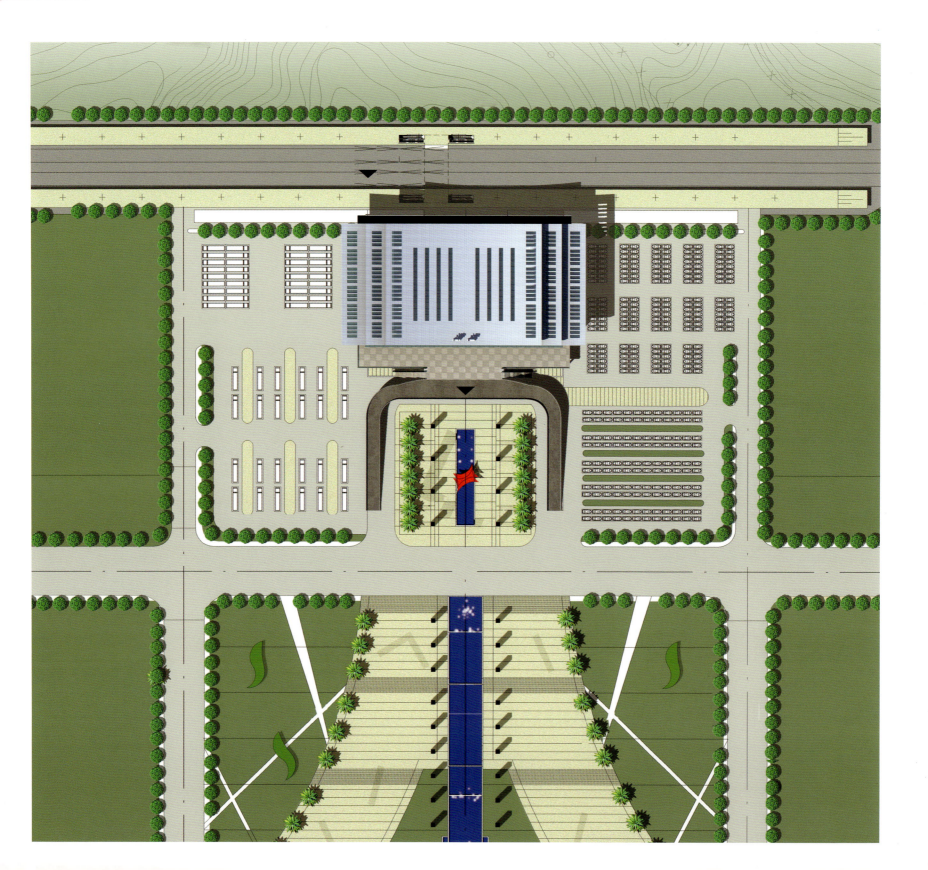

清远站
QINGYUAN
RAILWAY STATION

中南建筑设计院

方案汲取岭南建筑的特点，抽象提炼飞檐、骑楼等建筑元素用于建筑创作，用新的材料、建造技术来诠释岭南建筑的传统风格，使车站建筑既有明显的地域性，又不失交通建筑的轻盈、现代之感。

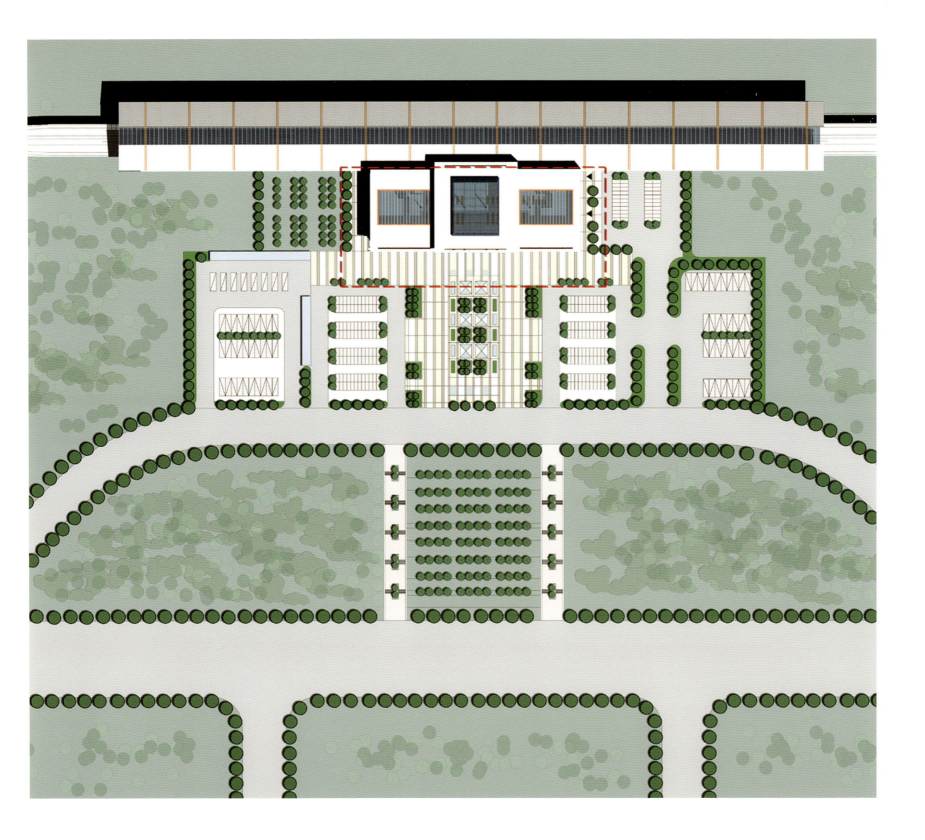

清远站
QINGYUAN RAILWAY STATION

中铁二院工程集团有限责任公司
西南交通大学建筑勘察设计研究院

方案以清远独特的地理环境、岭南悠久的建筑符号为母题，对传统建筑的建构方式进行简化和演绎，充分利用地域材料与色彩，体现现代与传统、自然与生态结合的理念。

QINGYUAN
RAILWAY STATION
清远站设计方案

设计方案提供单位

华南理工大学建筑设计研究院

上海联创建筑设计有限公司

铁道第四勘察设计院广州设计院

西南交通大学建筑勘察设计研究院

中南建筑设计院

中铁工程设计院有限公司

中铁工程设计咨询集团有限公司

中铁建柳州勘察设计院

中铁二院工程集团有限责任公司

中国建筑科学研究院建筑设计院

广东省建筑设计研究院

武汉市建筑设计院

中广国际建筑设计研究院

中建(北京)国际设计顾问有限公司

中铁济南勘察设计咨询院有限公司

图书在版编目(CIP)数据

铁路旅客车站设计集锦Ⅷ/郑健,赵奕,徐尚奎主编.—北京:中国铁道出版社,2012.12
ISBN 978-7-113-14162-2

Ⅰ.①铁… Ⅱ.①郑… ②赵… ③徐… Ⅲ.①铁路车站:客运站-建筑设计-图集 Ⅳ.①TU248.1-64

中国版本图书馆CIP数据核字(2012)第010379号

书　　名:	**铁路旅客车站设计集锦Ⅷ**
主　　编:	郑　健　赵　奕　徐尚奎
出版发行:	中国铁道出版社(100054,北京市西城区右安门西街8号)
责任编辑:	田京芬　傅希刚　编辑部电话:路(021)73142,市(010)51873142
装帧设计:	世纪座标广告有限公司
印　　刷:	北京雅昌彩色印刷有限公司
开　　本:	787mm×1092mm　1/12　印张:25.5　字数:490千
版　　本:	2012年12月第1版　2012年12月第1次印刷
书　　号:	ISBN978-7-113-14162-2
定　　价:	500.00元

版权所有　侵权必究

凡购买铁道版的图书,如缺页、倒页、脱页者,请与本社发行部联系调换。

联系电话:路(021)73170,市(010)51873172